Elogios para La milla extra

«Recuerdo cuando Evan me contó que estaba planeando un viaje en bicicleta por Sudamérica. No sabía muy bien qué pensar. Siempre he admirado su entusiasmo y compromiso con las causas que defiende. Así que lo seguí de cerca durante los días que duró *Ciclo Vida* mientras oraba fervientemente que el Señor enviara más ángeles para protegerlo a él y al resto de los participantes. Sin embargo, leer el relato de primera mano de Evan sobre todo lo ocurrido no solo resultó inspirador, ¡también fue emocionante! Él nos permite seguir al grupo en esta aventura que incluye pinchazos, accidentes, visitas al hospital y frustrantes interrupciones policiales.

»A través de la lectura podemos experimentar cada alegría milagrosa y cada dolorosa dificultad que vivieron durante esos días. A veces, me reí a carcajadas. Otras veces, sentí un nudo en la garganta al revivir este increíble viaje nacido en la mente de un hombre que se preocupa: se preocupa por la gente, se preocupa por el ministerio, se preocupa por su vocación, se preocupa por los necesitados, se preocupa por Dios. Me gustan las ideas locas, y *Ciclo Vida* sin duda encaja en esta categoría. ¡Te va a encantar este libro!».

—MARCOS WITT, ganador del premio Grammy Latino

y el premio Dove, y autor

«Hay dos maneras de ver la vida: una es esperando el milagro de Dios y la otra es considerando cada día como un milagro de Dios. Evan nos anima a elegir ver las maravillas de Dios en *La milla extra*».

—JUAN DE MONTREAL, artista cristiano, popular creador de contenido y comediante

«*La milla extra* desafía a los lectores a vivir con valentía para Jesús. Este libro es una llamada de atención para dejar de vivir la vida cristiana con apatía y empezar a amar a las personas como lo hizo Cristo: con sacrificio, amor y propósito».

—TASHA LAYTON, una de las cinco mejores artistas cristianas femeninas de Billboard en 2020 y autora de *Look What You've Done* y *Boundless*

«La primera vez que Evan Craft me describió su épico viaje en bicicleta, me cautivó. Muchos de nosotros nos subimos a un escenario para dirigir la adoración, pero aquí Evan le estaba añadiendo un toque extra a su adoración a Dios: él completaba la integridad de las cosas sobre las que estaba cantando con la vida entregada que vivía fuera del escenario. Hay que pensar que a Dios le encanta ese tipo de ofrenda. El canto es relativamente fácil; la prueba está siempre en la vida. Sé que al leer este libro, al igual que yo, vas a encontrar su viaje fascinante».

—MATT REDMAN, ganador del premio Grammy y el premio Dove, y autor

«El corazón de Evan sale a relucir en este libro, y es un corazón humilde. ¡Estoy agradecido de escuchar una historia que desea la fama de Dios por encima de la nuestra!».

—JIMMY NEEDHAM, aclamado cantautor, orador y autor de libros infantiles

EVAN CRAFT

CON CRAIG BORLASE

LA MILLA EXTRA

**Cómo *salir* de nuestra *zona de confort*,
hacer grandes cosas para
Dios *y llegar a la meta***

GRUPO NELSON
Desde 1798

La milla extra
Publicado por Grupo Nelson - 2025
501 Nelson Place, Nashville, Tennessee 37214, Estados Unidos de América

Este título también está disponible en formato electrónico y audio.

Traducción: Interpret The Spirit
Diseño interior: Deditorial

Tapa rústica: 978-1-4003-4779-7
eBook: 978-1-4003-4780-3
Audio: 978-1-4003-4781-0

La información sobre la clasificación de la Biblioteca del Congreso está disponible previa solicitud.

Impreso en Estados Unidos de América
25 26 27 28 29 LBC 5 4 3 2 1

A Rachel, el amor de mi vida y mi mejor amiga.

A nuestras hijas Sofía y Hannah.

Las amo con todo mi corazón y prometo encontrar pasatiempos más seguros que recorrer Sudamérica en bicicleta.

Contenido

Cada viaje comienza en algún lugar

(Introducción)

17 de agosto de 2017. Bogotá, Colombia.

AHÍ ESTABA YO, sobre un escenario frente a ochenta mil personas, a mitad de mi canción «Nunca más atrás» (conocida en inglés como «Comfort Zone»). Miré hacia afuera. No podía ver con claridad los límites de la multitud ni distinguir a las personas dentro de ella. Cuando los números son tan grandes, los rostros y brazos se difuminan unos con otros, tan impersonales como un bosque que se funde con el horizonte. Y lo más extraño de todo era que, aunque jamás había tocado mi música frente a tanta gente, no se sentía como lo imaginé. No se sentía como la cima ni como si por fin lo hubiera logrado. Estaba en el escenario con mi banda, compuesta por mis mejores amigos, cantando una canción que había escrito en mi habitación años atrás. Las lágrimas corrían por mi rostro mientras rendía el corazón ante Dios y escuchaba cómo la melodía que alguna vez había sacado del aire llenaba el lugar. Pero en ese momento, en ese sitio, todo se sentía...

... vacío.

Al día siguiente del concierto más grande de mi vida, ese vacío había crecido. Me desperté sintiéndome mal. Pero no era esa sensación pasajera de «lo que sube tiene que bajar». No era una simple resaca de adrenalina. La verdad es que en ningún momento de la noche anterior sentí realmente emoción al estar sobre el escenario. Mi corazón no estaba puesto en ello como solía estarlo.

Esa sensación me acompañó durante el desayuno y a lo largo de la mañana. Era un día de viaje, así que mis recuerdos de ese momento son un torbellino de imágenes: estar sentado con los codos pegados al cuerpo mientras nos apretábamos en la parte trasera de un auto camino al aeropuerto, esperar por horas para registrarnos y abordar el vuelo, y luego más tiempo con los codos pegados al cuerpo mientras volábamos al siguiente destino. Había vivido días como ese cientos de veces en conciertos anteriores, pero este era distinto. Ese día enfrenté cara a cara una de las verdades más incómodas sobre mí mismo:

Estoy logrando todo lo que alguna vez soñé... y no es suficiente.

No era un pensamiento agradable. Y no venía solo. Pronto mi mente se llenó de preguntas:

¿Y si esto es lo mejor que puedo conseguir?

¿Y si mi vida ha llegado a una meseta y ya no hay más?

¿Voy a seguir haciendo lo mismo durante los próximos cuarenta años?

¿Puedo realmente llamar a esto «mi ministerio» si solo estoy aguantándolo, intentando sacarle el mayor provecho posible?

Al final del día, no solo me sentía mal, sino que estaba empezando a desmoronarme.

Espero que tengas la bendición de contar con un mejor amigo. Tal vez sea tu cónyuge, un hermano, tu mamá o tu papá, o alguien que alguna vez fue un desconocido, pero que ahora se ha vuelto tan esencial y familiar como los zapatos que llevas puestos. Quienquiera que sea, espero que tengas a alguien que te conozca, que te ame y cuya sabiduría e intuición valores en tu vida. Espero que tengas a esa persona a quien puedas llamar cuando todo parezca un desastre, alguien a quien le puedas contar la historia sin filtros y sin miedo a su respuesta.

En algún punto entre Bogotá y California, al día siguiente, llamé a mi mejor amigo.

—¿Evan?

—Sí, Paul. Necesito hablar.

—Te escucho —dijo con esa capacidad única que tienen los verdaderos amigos para saber cuándo es mejor no decir más de lo necesario.

—Tuvimos la mejor noche de nuestras vidas y...
—hice una pausa. Fue extraño, después de tantas horas con
pensamientos enredados en mi cabeza, me costaba encontrar
las palabras—. Era lo que siempre había perseguido. Y ahora
que lo tengo, me pregunto cuál es el sentido de todo esto. Me
pagan cada noche, me tratan como a un rey. Es fácil, y eso me
asusta. ¿Qué sacrificios estoy haciendo para lograr esto? ¿Qué
tiene de noble si en realidad no estoy ayudando a nadie?

Paul y yo nos conocemos desde hace años. Nos hicimos
amigos después de terminar la secundaria, un par de jóvenes
apasionados por Jesús que hablaban sin parar sobre cómo
entregar nuestras vidas a Dios. Mientras yo seguí mi camino
en la música, las redes sociales y los viajes por Sudamérica, él
tomó un rumbo distinto, uno más silencioso, con menos
público. No planeó mucho, sino que trató de mantenerse
abierto a lo que Dios le indicara en cada momento. Su vida
había estado llena de aventuras interesantes. Paul tenía una
fe más profunda que la mía en muchas formas, y había desarrollado un fuerte sentido de propósito.

—Yo no tengo lo que tú tienes —dijo cuando terminé de
hablar—. No tengo ese tipo de influencia. Por eso hice el viaje.

El viaje.

El viaje de Paul era legendario. Un año antes, había recorrido en bicicleta desde Seattle hasta Nueva York para recaudar fondos destinados a una organización que construye
pozos de agua en comunidades necesitadas.

Paul tiene el físico de un jugador de fútbol americano y
camina como un luchador. Su corazón y su fe están ciento por
ciento enfocados en Jesús, así que la travesía fue perfecta para
él. En su momento lo apoyé, pero en el fondo me estremecía

la idea. Nunca me hubiera involucrado en algo tan largo y con resultados tan lentos. Después de todo, ¿por qué pasar más de cincuenta días sufriendo si podía recaudar la misma cantidad de dinero con un solo concierto?

Sin embargo, cuando me detuve a escuchar de verdad a Paul, noté que el viaje lo había cambiado. Su fe siempre había sido fuerte. De los dos, él era el constante, el fiel, el trabajador. Yo, en cambio, soy más como una montaña rusa: mi fe es profunda, pero mis emociones también son intensas. Después del viaje, había algo diferente en Paul. No era solo que sus pulmones y músculos se habían fortalecido al pedalear de oeste a este; su fe entera se había hecho más firme. Lo había escuchado hablar sobre cómo quería dedicar el resto de su vida a servir a Dios y cómo el viaje le había dado una visión más clara de su propósito. Su enfoque era más nítido y su pasión más fuerte que antes.

Así que en ese momento, hablando por teléfono, en cuanto Paul dijo esas dos palabras, algo cambió en mí. En ese instante supe que yo también quería más de ese sentido de propósito que él tenía. El ruido del aeropuerto se desvaneció, y la sensación de vacío y desánimo se alivió un poco.

«El viaje» ya no me sonaba como una locura. Me sonaba como algo que quizás podría hacerme sentir...

... vivo.

Este libro trata de lo que sucedió después. De las semanas que pasé pedaleando desde la costa del Pacífico, en Chile, hasta la costa del Atlántico, en Argentina, con Paul y otros amigos a mi lado. De emprender un camino en busca de significado y encontrar algo mucho más grande de lo que jamás imaginé. Habla de propósito y pasión, y de descubrir que lo mejor que he hecho en la vida no tiene nada que ver con la música, los escenarios o esas multitudes tan vastas que es imposible ver dónde terminan.

Pero también este libro trata de mucho más que eso, de algo más que lo que nos ocurrió a Paul, a nuestros amigos y a mí aquel verano. ¿Por qué? Porque creo que muchos de nosotros nos sentimos atrapados, como yo en aquel momento, en el mundo que intentamos construir. Estamos decepcionados o desilusionados. Demasiados de nosotros sentimos que nos falta un propósito. Y al hablar con amigos, me doy cuenta de que hay muchísimas personas que se sienten atrapadas en una especie de zona de confort, en una vida que nos dicen que debemos diseñar, pero que en el fondo resulta demasiado fácil y vacía.

Mi esperanza es que este libro los ayude. Mi oración es que para algunos de ustedes sea como esa pieza de Tetris que encaja a la perfección, el empujón en la dirección correcta que los impulse a realizar su llamado. Y lo que realmente pretendo es que todos vayamos más allá de nuestras propias ideas sobre el éxito y nuestros propios límites en el servicio. Quiero que descubramos que ahí, en la milla extra, Dios ya nos está esperando.

Lo dije: *La milla extra.*

En realidad, no es más que otro nombre para la Gran Comisión, la misión que tú, Paul, yo y generaciones de cristianos a lo largo de la historia hemos recibido. La milla extra significa ir a los lugares a los que Dios nos llama, servir a las personas que Él pone en nuestro camino y vivir de una manera que despierte en otros el deseo de conocer más sobre Su amor. La milla extra no es el lugar más cómodo para estar, y eso está bien. Solo cuando nos encontramos fuera de nuestra profundidad aprendemos a nadar, y muchas veces solo cuando salimos de nuestra zona de confort y nos despojamos de nuestras distracciones y apoyos, finalmente aprendemos a confiar en Dios.

Así que si no te llevas nada más de estas páginas, por favor, lee esto dos veces:

Hagámoslo todo por salir de nuestra profundidad.

Hagámoslo todo por ponernos en situaciones en las que el fracaso parece probable, pero la fe es lo suficientemente fuerte como para ahogar las dudas.

Hagámoslo todo sin miedo a perder nada, poniéndolo todo en manos de Dios.

Hagámoslo todo sabiendo que parecemos unos locos, pero sin que nos importe en absoluto.

Hagámoslo todo, no para la aprobación de la multitud, sino para la audiencia de Uno.

Hagámoslo todo recorriendo la milla extra.

¿Estás listo?

Capítulo 1

«¡Prepárate, Latinoamérica, Evan Craft está en camino!»

(Y otras cosas ingenuas en las que solía creer)

5:28 a. m., martes 10 de mayo de 2005.

—¿EVAN? ¿LINDY? ¿CAMERON? ¿Listos para empezar?

Es temprano. Ninguno de nosotros dice mucho. Pero estamos aquí. Estamos listos.

Este es uno de nuestros rituales familiares. Papá nos despierta temprano para que estudiemos la Biblia antes de ir a la escuela. No tiene que hacerlo. Podría elegir dormir un poco más, pero él no es ese tipo de persona. Ve esto como su oportunidad de poner bases sólidas en la vida de sus hijos. Ha cometido algunos errores grandes en su propia vida, por eso no le gusta desperdiciar oportunidades.

Hablamos mucho sobre el carácter en estas sesiones matutinas. A menudo nos recuerda algunos de los errores que ha cometido y nos anima a hacer todo lo posible para evitarlos. Pero esta mañana es diferente. No hay una historia de su pasado ni un ejemplo de su presente. Solo hay un versículo: Zacarías 4:10. Eso y una chispa en los ojos de mi papá mientras me mira.

—No desprecies los pequeños comienzos, Evan. No se me ocurre un mejor versículo para hoy.

Una hora más tarde, justo antes de las seis y treinta, estoy parado en el pasillo fuera de un aula vacía, esperando. Y escuchando. Y orando también. Orando para que la gente llegue. Orando para que el Espíritu de Dios esté presente. Orando para que, ni más ni menos, el fuego del avivamiento caiga sobre Thousand Oaks High School. Ahora mismo, a las seis y veintiocho de la mañana.

Aunque el verano está cerca, el aire es frío en esta parte del colegio. También está todo en silencio, y se siente como si yo fuera la única persona en el campus. Sin embargo, eso no me desanima. Puedo ser un estudiante de primer año de catorce años, con piernas y brazos tan delgados que se pierden en mis pantalones cargo holgados y mi camiseta de DC Talk, pero soy un creyente. Soy un «loco por Jesús» de metro y medio que está en el equipo de fútbol americano, pero que no va de fiesta. Soy un receptor de tercera línea que se siente completamente bien con parecer un poco raro, porque en el fondo sabe que verdaderos milagros están por suceder en esta escuela.

Escucho pasos y levanto la vista para ver a mi amigo, otro «loco por Jesús» llamado Spencer. Cuando se me ocurrió la idea de invitar a todo el equipo de fútbol a un grupo de estudio bíblico temprano por la mañana, Spencer fue el primero con quien hablé.

Oramos durante un minuto o dos, luego volvemos a mirar el pasillo, atentos al sonido de jugadores de fútbol acercándose, listos para aprender sobre Dios.

—¿Nervioso? —pregunta.

—Emocionado —respondo.

Esta es la primera semana que nos reunimos. Hay cerca de cien chicos en el equipo, y Spencer y yo los hemos invitado a todos. En las conversaciones que hemos tenido sobre este estudio bíblico, nunca hemos hablado de cuántos realmente pensamos que vendrán. Confiamos en Dios, pero también somos realistas. Las seis y treinta de la mañana un martes no es exactamente el horario ideal.

El pasillo resuena con el sonido de una puerta abriéndose. Luego, unos pasos, el chirrido inconfundible de zapatillas sobre los pisos recién pulidos. Spencer y yo levantamos la mirada, listos para ver cuántos vienen.

—Oh —digo cuando los veo.

—Sí —dice Spencer.

—Eso es *mucha* gente.

Nuestra intuición de que Dios nos estaba invitando a unirnos a una gran aventura resultó correcta. La reunión de los martes en la mañana duró seis meses a lo largo de mi primer año de secundaria, y en algunas ocasiones llegaron hasta noventa personas.

No vimos muchos de los que en ese entonces habría llamado «milagros genuinos». A nadie le volvió a crecer una extremidad ni tumores desaparecieron en medio de una oración. Pero dado que el grupo estaba compuesto por atletas sanos, no había tantas oportunidades para ese tipo de milagros en primer lugar. Y eso no nos desanimó ni a Spencer ni a mí. Solo estábamos felices de servir a Dios y descubrir que no hay una edad mínima para el ministerio.

Esa reunión no era mi única oportunidad de crecimiento espiritual. Soy hijo de pastor, así que siempre pasé mucho tiempo en la iglesia de mi papá, Northbound. Me encantaba cada parte de aquello, desde ver a mi papá predicar y notar que toda la sala quedaba en silencio, hasta observar a los cantantes y guitarristas entregarse por completo a la música. Cuando tenía trece años, comencé a aprender a tocar la guitarra con la esperanza de que algún día yo también pudiera liderar la alabanza. Esos momentos en la iglesia eran cautivantes, igual que algunos de mis primeros recuerdos de cuando comenzaron a incluir intérpretes del lenguaje de señas. Me sentaba y miraba como si fuera un espectáculo de magia, fascinado al ver cómo la gente se comunicaba de una manera que yo no entendía.

Hubo buenos momentos en la iglesia, pero también complicaciones. En el vecindario vivían muchos hispanohablantes, y me molestaba la forma en que algunos miembros blancos de la congregación hablaban negativamente sobre los latinos. No tenía sentido para mí que un cristiano pudiera leer el mandato de Jesús de «amarás a tu prójimo como a ti mismo» y luego hablara despectivamente de las mismas personas que vivían en su vecindario. No quería ser así en absoluto, y desde muy joven decidí que si realmente deseaba compartir mi fe tendría que hablar español con fluidez. Así que cuando me encontraba en *middle school* (secundaria) comencé a estudiar español y continué con ello durante la etapa de *high school* (preparatoria). Pasaba horas en casa viendo telenovelas y escuchando la radio en español, además de leer toda la serie de *Las crónicas de Narnia*. Siempre me esforzaba por mejorar. Pero para mí, no se trataba de calificaciones ni de reconocimiento académico.

Cuando estaba por graduarme de *high school*, tenía tres pasiones muy claras en mi vida: música, ministerio y misión. Quería combinarlas, entonces la conclusión lógica para mí era convertirme en un cantante de música de adoración en español. No me importaba que yo fuera un chico blanco común y corriente de los suburbios del condado de Ventura, o que mi familia tuviera raíces judías por un lado y alemanas por el otro. Quería hacer todo lo posible para compartir el evangelio con las personas que Dios había puesto en mi corazón, así que la ecuación era simple:

Música + Ministerio + Misión =
Cantante de adoración en español

A veces, las cosas simplemente se dan así. Cuando sabes que Dios ha puesto algo dentro de ti y arde con intensidad, la solución es obvia. Pero luego les hablas de tu pasión a otras personas y ves que sus reacciones son distintas. Para ellas parece algo poco convencional. Extraño. Arriesgado. Tal vez incluso te digan en la cara que todo eso es una locura. No obstante, tú sabes la verdad. Sabes que los números no mienten.

Al comenzar a buscar en Dios tu sentido de propósito y pasión, puedes esperar que tu vida se vea diferente a la de los demás. Cuando decides que realmente quieres ser un «loco por Jesús», debes esperar encontrarte en un camino distinto al de los demás.

No debería sorprenderte en absoluto.

«Dios ha escogido lo necio del mundo para avergonzar a los sabios; y Dios ha escogido lo débil del mundo para avergonzar a lo que es fuerte» (1 Co 1:27).

Mi primer paso fue comenzar con las canciones. Escribí algunas, principalmente buscando en Google versículos bíblicos en español y luego armándolos en torno a una melodía sencilla. También traduje mis canciones de adoración favoritas del inglés al español y subí videos a YouTube cantándolas. Todo iba bien y crecía rápido, pero lo que realmente quería era salir de mi habitación y viajar a Latinoamérica para liderar la adoración allí.

Esa primera oportunidad llegó cuando tenía veinte años. Supe de una Iglesia Cuadrangular en las afueras de Tijuana. Me puse en contacto, les expliqué un poco sobre mí y les ofrecí viajar para dirigir la adoración. Tomó un tiempo recibir respuesta, pero finalmente, en octubre, puse mi guitarra acústica Tacoma en el asiento trasero de mi camioneta Tacoma y me dirigí al sur por una semana.

Tenía muchas ideas en mente mientras conducía, una visión clara de lo que iba a hacer y de cómo esperaba que todo esto encajara en el plan de Dios para mi vida.

Si soy sincero, mis pensamientos no eran los mejores, y mi plan no era nada extraordinario.

Era arrogante. Pensaba que, como venía de una iglesia grande que llenaba cientos de asientos cada semana, iba a enseñarle a esta pequeña congregación en las afueras de Tijuana lo que realmente significaba dirigir la adoración. Era joven y esa iba a ser mi primera experiencia en el campo misionero, pero tal como yo lo veía podía ser el próximo Billy Graham.

¡Prepárate, Latinoamérica, Evan Craft está en camino!

Llegué cuando la reunión nocturna ya había comenzado y me deslicé hacia un lado.

La reunión se llevaba a cabo en una carpa con piso de tierra. Había unas cuantas filas de sillas de plástico y luces de construcción iluminando las esquinas. El sistema de sonido emitía un zumbido fuerte, y la batería estaba tan destartalada que parecía que la última persona que la había tocado lo había hecho con martillos en vez de baquetas.

La pastora, una mujer llamada Claudia, estaba guiando a la gente en oración. Suplicaban a Dios que enviara un avivamiento a su ciudad. Conté unas veinte personas jóvenes y el doble de señoras mayores. Casi no había hombres de la edad de mi papá.

Me quedé observando y escuchando cómo oraban. Algunos estaban de pie. Otros, arrodillados en la tierra.

El aire estaba pesado.

Sentía mi respiración entrecortada en los pulmones.

La presencia de Dios era tan real como nunca la había experimentado.

Me parecía que algo me aplastaba desde dentro, una convicción profunda e innegable:

¡Cómo te atreves a entrar en Mi presencia así!

¡Cómo te atreves a venir aquí pensando que vas a tomar Mi lugar y robarte Mi gloria!

Me sentí desnudo y avergonzado, convencido de que cualquiera que me mirara vería el fraude arrogante que era. Pero cuando la pastora Claudia se acercó y se presentó, me trató con pura calidez.

—¿Nos guiarás en la adoración, Evan?

Asentí con la cabeza y pronto estaba luchando por tocar las únicas tres canciones de adoración en español que conocía lo suficientemente bien. Mientras lo hacía, con los ojos abiertos, vi los rostros con más claridad aún. Adoraban con una pasión e intensidad que nunca había visto. Mi guitarra sonaba desafinada, mi voz se quebraba, pero no tenía duda de quién estaba liderando a quién esa noche. Ellos se rendían ante Dios y fueron lo suficientemente generosos como para dejarme acompañarlos.

Cuando me quedé sin canciones para tocar, aplaudieron. Pero esos aplausos no eran para mí, y no se parecían en nada a los aplausos educados que solían escucharse en el auditorio de mi iglesia. Estos aplausos eran fuertes. Y cuanto más duraban, más fuertes se volvían.

Enseguida la gente comenzó a orar. Como los aplausos, esto tampoco se parecía en nada a lo que yo conocía. Las voces se superponían unas sobre otras. Clamaban a Dios para que redujera la violencia, para que detuviera los asesinatos, para que pusiera fin a la devastación causada por las drogas, para que les diera suficiente comida y para que confrontara la corrupción que estaba paralizando su gobierno.

Me quedé quieto. Ojos cerrados. Cabeza inclinada.

Había conocido a muchos cristianos a los que admiraba: predicadores capaces de captar la atención de toda una iglesia o líderes de adoración con voces tan poderosas y dones tan grandes que era imposible no asombrarse. Había estado en muchos servicios impecables, bien organizados y cuidadosamente estructurados. Pero nunca había estado en algo como aquello. Nunca había estado en la presencia de cristianos que dependieran tanto de Dios para cosas que yo daba por sentadas. Nunca había estado rodeado de personas cuyas necesidades eran tan básicas, pero cuya fe era tan fuerte.

Sentí que mis piernas casi cedían bajo mi peso. De pie, escuchando las voces explotar dentro de la carpa, me di cuenta de que mi vida hasta ese momento había sido completamente diferente a la de ellos. Nunca había conocido el hambre. Nunca había conocido el peligro. Nunca había conocido la pobreza. Y nunca en mi vida había sabido lo que significa estar verdaderamente desesperado por Dios.

La reunión continuó por una o dos horas más, y yo floté en medio de todo como un pedazo de madera a la deriva en una tormenta. Canté un par de canciones más, plenamente consciente de que no estaba liderando a nadie en adoración. Ellos me estaban guiando en cada paso.

Durante la semana siguiente, pasé mis días aprendiendo nuevas canciones, hablando con la pastora Claudia o explorando el vecindario. Todo era nuevo para mí, diferente y emocionante. Pero lo que más esperaba cada día eran las reuniones nocturnas en la carpa. Esas horas eran lo mejor de mi día, de mi mes, de mi año.

Cada noche, las mismas personas llegaban para adorar y orar con la misma pasión de la primera vez que las vi cuando fui a la carpa. No se aburrían. No pedían que la pastora Claudia cambiara el formato. Porque esas personas no estaban allí para entretenerse o distraerse. Estaban allí para tener comunión con Dios. Estaban allí para clamar por la transformación de su comunidad y ofrecerse a ser Sus manos y pies.

Cuando llegó la última noche de mi estadía, la pastora Claudia se acercó y me agradeció.

—Queremos darte esto —dijo extendiéndome la mano.

De forma instintiva, extendí la mía. No sé qué esperaba, tal vez un folleto o una tarjeta de agradecimiento, pero en cuanto mis dedos tocaron el sobre, supe que era dinero. Lo abrí. Ochenta dólares.

Después de una semana entera de sorpresas en esa iglesia, esto estaba a otro nivel. Yo sabía lo poco que tenían. Ochenta dólares era una cantidad enorme. No podía entender por qué harían algo así. Le devolví el sobre a la pastora Claudia.

—No puedo aceptar esto.

—Sí puedes —dijo mirándome de una manera que me dejó claro que no tenía otra opción más que aceptarlo.

Quería decirle que no lo merecía. Quería decirle lo arrogante que había sido al conducir hacia allí, creyéndome un maestro cuando en realidad era un aprendiz. Quería decirle lo profundamente privilegiado que me había sentido de pasar esa semana con ellos. Quería decirle que ya había recibido más bendiciones de las que jamás podría haber esperado, y que este dinero era demasiado.

Pero la pastora Claudia no titubeó. No había nada más que discutir.

Al día siguiente, mientras conducía de regreso a casa y pasaba horas esperando en la frontera, estaba agotado y tenía mucho en qué pensar. Todo había sido tan diferente, tan intenso, que me costaba procesarlo. No sabía si Dios me había dado una bofetada metafórica en la cara o me había susurrado suavemente al oído. Hubo momentos en que parecía que había hecho ambas cosas al mismo tiempo: confrontándome con la fealdad de mi arrogancia y al mismo tiempo invitándome a profundizar aún más en Su amor.

Mientras avanzaba lentamente hacia el norte, de regreso a mi hogar en la tierra de la riqueza, el poder y el privilegio, tenía la certeza de que Dios me estaba diciendo algo: *Si no aprendes a amar a Mi pueblo, aquí no pasará nada para ti. Esas personas no están aquí para que construyas tu carrera sobre ellos. No están aquí para tu entretenimiento. No están aquí para que practiques iniciando un avivamiento. Quiero que los ames como Yo los amo.*

Aunque solo duró una semana, ese primer viaje cambió mi vida. Fue como si en los primeros minutos de una caminata épica el viento me hubiera arrancado el mapa de las manos y lo hubiera arrojado por un acantilado. Tuve que abandonar de inmediato todas mis ideas preconcebidas sobre hacia dónde iba y cómo iba a llegar allí, y en su lugar confiar en Dios. Todo sucedió tan rápido que a veces me pregunto de qué otra manera Él habría destruido mi arrogancia si yo no hubiera decidido ir a Tijuana creyéndome el heredero espiritual de Billy Graham. Tal vez había otra forma, pero estoy agradecido de que sucediera justo en ese momento, cuando tenía solo veinte años y mis planes de vida aún estaban escritos sobre concreto fresco.

Además de derribar mi ego y reordenar mis prioridades, todo esto me enseñó una lección vital: incluso cuando hay
errores evidentes en nosotros, si nos situamos en los lugares
donde Dios nos llama, nos damos la mejor oportunidad de
estar cerca de donde necesitamos estar. Por eso la Escritura
nos dice: «Puestos los ojos en Jesús, el autor y consumador de
la fe» (He 12:2). Él es quien puede tomar lo roto e imperfecto y
hacerlo nuevo otra vez. En otras palabras, a Dios no le molesta
que lleguemos con un desorden o asuntos pendientes. Él solo
quiere que lleguemos.

Por lo tanto, unas semanas después de haber regresado
a casa desde México, estaba manejando de vuelta a Tijuana
para unirme otra vez a la pastora Claudia. Solo que esta vez
planeaba quedarme un mes entero.

Cinco años después, estaba hablando por teléfono con
Paul, diciéndole que acababa de tocar frente a ochenta
mil personas en Bogotá y que algo en todo eso no se sentía
bien. Me encontraba muy muy lejos de la carpa de la pastora
Claudia en las afueras de Tijuana.

En esos cinco años habían sucedido muchas cosas buenas, y tenía numerosas razones para estar agradecido con
Dios. Había subido más *covers* a YouTube y visto los números
crecer. Había escrito más canciones y conseguido un con-
trato discográfico. Había formado una banda con un grupo
de muchachos que se convirtieron en mis mejores amigos, y
juntos habíamos recorrido Latinoamérica. Había conocido a
gigantes de la fe, como la pastora Claudia, hombres y mujeres

de Dios cuya fe eclipsaba la mía. Había estado en algunos de los lugares más hermosos del mundo y me había sumergido en algunas de las comunidades y culturas más maravillosas que uno pudiera imaginar.

Aun así, me hallaba demasiado lejos de la carpa de la pastora Claudia. Muy muy lejos de saber que estaba corriendo riesgos y poniéndome en un lugar donde realmente necesitaba a Dios. Muy muy lejos de ese estado de expectación nerviosa, en el cual no tenía ni idea de lo que Dios estaba a punto de hacer a continuación.

No había vuelto a mi antigua mentalidad arrogante, y no es que hubiera olvidado la lección vital sobre la importancia de amar al pueblo de Dios. Pero de alguna manera había perdido la claridad de mi propósito divino. Como una linterna cuyas baterías se van agotando lentamente, la visión tan clara y brillante que alguna vez tuve sobre servir a Dios a través de la música se había desvanecido. El cambio había sido tan lento que no lo noté al principio, pero cuando estaba sobre el escenario, con todas esas personas extendiéndose ante mí, la verdad era innegable: quería volver a ese lugar donde mi fe se sentía verdaderamente viva otra vez.

Capítulo 2

Zonas de confort

(y cómo evitarlas)

EL CONCIERTO FUE un momento de despertar impactante, pero no el único. Un día, al final de una gira de cinco semanas por Argentina, Bolivia y Ecuador, desperté después de una siesta en un hotel en Ambato. Apenas me levanté de la cama, me golpeó un deseo abrumador de regresar a casa. Extrañaba mis almohadas. Extrañaba mi casa en Houston. Extrañaba las verduras frescas. Quería poder cerrar los ojos y transportarme de regreso a mi pantalla gigante y mi internet confiable, y elegir mi ropa de un clóset en lugar de sacarla de una maleta. Quería volver a esa época en la que no tenía responsabilidades: sin sueldos de banda que pagar, sin giras que organizar, sin multitudes frente a las cuales tenía que pararme y decir algo inspirador o significativo.

No regreses a tu zona de confort.

Las palabras fueron casi audibles.

No regreses a tu zona de confort.

En ese instante, mis quejas se disiparon. En su lugar, llegó la gratitud. Dios me había llevado a la aventura más increíble de mi vida, y aún había mucho más por venir. Claro, podía elegir volver a mi vida cómoda si quería. Pero en el fondo sabía que me lo perdería todo.

Hubo otra ocasión, en Paraguay, en la que estaba sentado en la oficina de un pastor, en silencio, antes de salir a tocar en una gran noche de adoración. La iglesia se encontraba en un pueblo llamado Encarnación, y era sin duda el lugar más caliente donde había tocado en mi vida. Afuera la temperatura rozaba los casi treinta y ocho grados centígrados (cien grados Fahrenheit), y cuando había estado en la parte trasera del auditorio más temprano, llegué a pensar que con tanta gente apretada en el lugar debía ser aún más caliente. El aire acondicionado no funcionaba, y juro que incluso vi a alguien desmayarse.

Sentado en la oficina del pastor, no me sentía bien al respecto. El calor me molestaba, pero no era solo eso. Estaba teniendo un momento de diva. La idea de tocar un set completo con canciones de otros artistas me estaba poniendo de mal humor. Me parecía patético ser el tipo de artista que solo entretiene a los cristianos con canciones escritas por otras personas.

Estaba en medio de una oración del tipo *Dios, no sé ni para qué me trajiste aquí,* cuando el pastor entró en la oficina.

—Evans —dijo añadiéndole una *s* nueva a mi nombre—. Quiero presentarte a dos personas. Condujeron tres horas para estar aquí esta noche.

Me puse de pie, me limpié el sudor de las manos y saludé a la pareja. Eran un poco mayores que yo, pero no mucho. El hombre habló primero, me dijo que a ambos les había encantado el *cover* que hice de una canción llamada «Glorious Ruins» [Ruinas gloriosas] de Hillsong Worship.

—Oh —dije—. Gracias.

—Esa canción fue muy especial para nosotros —añadió la mujer—. Nuestro hijo tenía cáncer, y era su canción favorita durante todo el tratamiento. Le encantaba la idea de que Dios pudiera hacer algo glorioso a partir de algo tan doloroso.

Hizo una pausa. El padre continuó la historia.

—Cuando se enteró de que ibas a estar aquí tocando esta noche, se emocionó muchísimo.

—¡Genial! —dije sintiéndome un poco tonto por haber sido tan diva—. Vamos a conocer a su hijo.

Hubo un silencio. Luego una mirada cargada de significado entre los padres.

—Falleció hace dos semanas —dijo la mamá—. Trajimos a sesenta personas con nosotros. Nos encantaría que la tocaras esta noche. ¿Lo harías?

Abrí la boca para decirles que, por supuesto, la tocaría, pero apenas me salieron las palabras.

Más tarde, empapado en sudor y lágrimas, estaba sobre el escenario cuando comenzó el ritmo de batería. Mi voz se quebraba. Mis manos luchaban por tocar los acordes. La banda nos sostuvo hasta el inicio del primer verso. Entonces, las voces tomaron el control: un coro de sesenta personas, todas juntas cerca del escenario. Para el momento en que llegamos al coro, cuando la melodía subió y se elevó, ellos nos estaban llevando a todos en adoración.

Volví a la carpa.

No se trata de ti, Evan. Cualquiera que sea el arte que valores, cualquiera que sea la historia que crees estar contando sobre este viaje en el que estás... No se trata de ti. Se trata de si estás dispuesto a ser un canal del mensaje de Dios, de Su poder y de Su amor.

Vivimos en un mundo extraño.

Como consumidores, nos crían para buscar la comodidad. Nos enseñan a desearla, perseguirla y luchar por ella. A invertir nuestro tiempo, dinero y mejores esfuerzos en su búsqueda. La casa, el auto, los electrodomésticos, las suscripciones, las membresías, el fondo de retiro... Y cuando todas esas comodidades que hemos acumulado se ven amenazadas, cuando tememos perderlas —en el momento en que el banco embarga la casa, las tarjetas de crédito se congelan y el estilo de vida por el que trabajamos tan duro ya no es posible— podemos quedar aterrados.

Sin embargo, cuando nos encontramos con Dios, descubrimos algo asombroso, algo contracultural. Descubrimos que la comodidad no cumple la promesa que nos hicieron creer. Que no necesitamos perseguirla ni hacer de ella nuestra meta.

Y cuando profundizamos aún más en nuestra fe, descubrimos algo más increíble: si realmente queremos recibir lo mejor que Dios tiene para nosotros, si realmente queremos ser bendecidos, entonces vivir con menos comodidades es el camino que debemos seguir.

Todo está en Mateo 5, cuando Jesús da su insuperable sermón:

«Bienaventurados los pobres en espíritu, porque
de ellos es el reino de los cielos.
»Bienaventurados los que lloran, pues
ellos serán consolados.
»Bienaventurados los humildes, pues
ellos heredarán la tierra.
»Bienaventurados los que tienen hambre
y sed de justicia, pues ellos serán saciados».
(vv. 3-6)

Estas palabras solían confundirme. No me gustaba la idea de ser pobre, triste y humilde, o de estar necesitado de justicia. Pero solo cuando estudié esos versículos entendí la verdad: Jesús está describiendo las condiciones ideales para acercarnos a Él.

Cuando estamos vacíos, nos damos cuenta de que no somos nada sin Él.

Cuando lloramos, comprendemos que el corazón de Dios también se rompe por los que sufren.

Cuando dejamos de confiar en nuestra propia fuerza y nos volvemos humildes, le damos más espacio a Dios para demostrar Su poder en nuestra vida.

Solo cuando realmente necesitamos consuelo, entendemos cómo darlo a los demás.

Cuando tenía veinte años, quería ver justicia en el mundo. Quería ver vidas transformadas y lo malo corregido. Mis intenciones eran buenas, pero mis suposiciones estaban un poco equivocadas. Creía que para ver cosas grandes tenía que hacer cosas grandes por mi cuenta. Sin embargo, el tiempo, el estudio y momentos como los de aquella noche en Paraguay, adorando con esa familia de luto, cambiaron mi perspectiva. Comprendí que nuestro papel es obedecer. Es Dios quien hace caer los muros de Jericó. Nosotros solo tenemos que ser obedientes y responder a Su llamado.

El Sermón del Monte no es un ataque contra la comodidad ni una advertencia de que los ricos enfrentarán problemas. Pero sí constituye una reconfiguración de nuestra forma de entender cómo obra Dios. Él no se aleja de quienes luchan con el dolor, la pobreza, el duelo o la depresión; no se aleja de esas situaciones que pasamos la vida tratando de evitar. Dios no huye de todo eso. En cambio, corre hacia ello. Nos encuentra ahí. Y a aquellos de nosotros cuyas vidas no han sido tocadas por el sufrimiento, nos llama a entrar ahí y unirnos a Él.

De manera que si al comenzar este libro te sientes confundido por la injusticia, la pobreza y el dolor que te rodean, tal vez estés en un lugar mucho mejor de lo que imaginas. Jesús te está bendiciendo y te está diciendo que Él te saciará. Te está llevando más lejos. Estás entrando en la milla extra.

Después de haber tenido esta experiencia con la pareja de luto en Paraguay, la revelación sobre mi zona de confort en Ecuador y el concierto épico que no resultó ser la cima que imaginé en Colombia, estaba listo para hacer un cambio. Quería realizar algo que me hiciera depender de Dios nuevamente. Algo que restaurara ese sentido de propósito que se había ido desvaneciendo poco a poco en mi vida. Por encima de todo, quería hacer algo que tuviera un impacto tangible, práctico y positivo en la vida de las personas.

Un viaje benéfico en bicicleta de costa a costa, como el que hizo Paul, parecía la solución perfecta.

Así que me puse manos a la obra.

Pensé que la mejor forma de recaudar la mayor cantidad de dinero posible sería hacer una serie de conciertos, viajando en bicicleta de una ciudad a otra. Podríamos usar nuestro pago estándar para cubrir los gastos de la gira, encontrar una organización benéfica local a la cual apoyar y utilizar los conciertos como una oportunidad para recaudar fondos. Si hacíamos diez conciertos, calculé que podríamos recaudar cerca de cien mil dólares.

Después había que decidir la ruta. Paul y yo hablamos y analizamos varias opciones. Consideramos distintas posibilidades. Ir de costa a costa en México o recorrer Colombia de norte a sur, incluso hacer todo el trayecto de Panamá. Pero cuanto más investigábamos, más me gustaba la idea de comenzar en Chile y cruzar Argentina de oeste a este en bicicleta. Era una ruta larga, pero tenía dos ventajas claras: primero pasaríamos por Santiago, Mendoza, Córdoba y Rosario, ciudades donde tenía buenos contactos con iglesias maravillosas. Una vez que subiéramos los Andes, el resto del trayecto hasta la costa atlántica sería completamente plano.

Yo estaba de regreso en Houston, en la casa que compartía con mi banda. Les expliqué la idea del viaje en bicicleta, y parecían entusiasmados también. Ninguno de ellos era ciclista, pero eso no importaba. Paul ya me había advertido lo duro que sería recorrer cientos de millas en varios días, así que acordamos que la banda viajaría en auto entre los conciertos, dejando el ciclismo en manos de un grupo reducido de ciclistas experimentados y preparados, como Paul y nuestra amiga Essence, una ciclista profesional.

Y yo.

No había montado una bicicleta desde la secundaria y ni siquiera tenía una. Pero estaba en forma gracias al fútbol y tenía suficiente confianza en mí como para comprometerme. Además, deseaba empezar, así que tan pronto como acordamos la ruta, comencé a hablar con iglesias sobre la posibilidad de organizar conciertos para el siguiente verano.

—¿Estás seguro de esto? —preguntó Paul en una de nuestras muchas llamadas sobre el viaje. Sonaba bastante escéptico.

—Absolutamente. Nueve meses de entrenamiento empiezan ahora.

Acababa de comprar mi primera bicicleta de ruta: una Specialized de gama media con un asiento que no era más ancho que la palma de mi mano. A pesar de haber comprado los pantalones acolchados recomendados, mis primeros recorridos por las pistas de ciclismo en Houston fueron un tormento. Sentir casi todo el peso de mi cuerpo presionando sobre mis huesos pélvicos, en un asiento sin almohadillas, era algo que jamás había experimentado. Por un tiempo, me pregunté si Paul tenía razón al ser tan escéptico.

Un mes después de comprar la bicicleta, el dolor provocado por el asiento finalmente comenzaba a disminuir. De alguna manera, me acostumbré y ya podía hacer recorridos de diez millas varias veces por semana sin sentir que mis caderas estaban a punto de desgarrarse. Pero mientras el dolor físico se desvanecía, surgió un nuevo conflicto en la casa.

Siempre me llevé bien con mi banda y los consideraba mis mejores amigos. Llevábamos juntos casi cuatro años. Durante ese tiempo, habíamos viajado por toda Latinoamérica, viendo todo, desde Machu Picchu hasta la inmensidad de la Patagonia. Cuando no estábamos de gira, vivíamos en la casa que había comprado en Houston, y todo parecía un sueño: un grupo de amigos veinteañeros con pasaportes llenos de sellos y bibliotecas de fotos llenas de recuerdos increíbles.

Aunque mi nombre aparecía en la publicidad, siempre pensé en nosotros como una banda. Al principio, habíamos hablado de ser una banda tradicional, del tipo que divide responsabilidades, riesgos y ganancias por igual. Era un riesgo que yo estaba dispuesto a asumir, pero los demás no se veían tan convencidos de este arreglo. Me dijeron que preferían ser la banda de acompañamiento de Evan Craft y que estaban contentos con recibir un pago fijo por cada concierto. Para mí era importante que se sintieran valorados y que quisieran seguir a largo plazo, así que acordamos una tarifa muy por encima del promedio.

Todo había ido bien durante tres años, pero justo cuando Paul y yo comenzamos a planear el viaje en bicicleta, las cosas empezaron a cambiar. Parecía que tocar frente a ochenta mil personas también los había afectado a ellos, pero de manera diferente. Algunos de los chicos me dijeron que querían ganar más dinero. Les expliqué que no podía pagarles mil dólares por noche cuando un concierto solo generaba cinco mil. Ellos respondieron que si tocábamos frente a tanta gente debíamos poder cobrar más, pero les dije que hacer más dinero no era mi objetivo.

No fue una conversación aislada. Se repitió varias veces a lo largo del otoño. Sabía que estaban frustrados y odiaba que estuviéramos chocando de esa manera, pero tenía la corazonada de que todo se solucionaría pronto. Creía que el viaje en bicicleta sería bueno para todos. Aunque los chicos no estuvieran en las bicicletas, pensé que se sentirían inspirados y emocionados. El viaje tenía todas las señales de ser una aventura planeada por Dios, y sabía que cambiaría nuestras vidas. Tal vez, todas nuestras vidas.

Acababa de volver de un recorrido en bicicleta cuando uno de los chicos se acercó y me dijo que tenía algo que contarme.

—Claro —dije mientras me preparaba una bebida deportiva.

—Renuncio.

Hablamos, pero su decisión estaba tomada.

Y no fue el único. En los días siguientes, otros me dijeron que también se iban. Uno había decidido casarse y ya no quería salir de gira. Otros se habían unido a otras bandas.

En dos semanas, se habían ido. No solo algunos de ellos, todos. Y no solo renunciaron a la banda, también se mudaron de la casa.

Justo cuando había decidido hacer algo para volver a encarrilarme con Dios, había perdido a mi banda y a mis mejores amigos. Siempre pensé que seguiríamos tocando y recorriendo el mundo juntos. Siempre asumí que estábamos igualmente comprometidos con este proyecto apasionante. Siempre creí que permaneceríamos unidos en nuestro deseo de decirle sí a Dios.

Estaba equivocado.

Creo que la vida nunca me había parecido tan sombría como en aquel momento.

Capítulo 3

¿Artista o soldado?

(Es difícil ser ambas cosas)

SAQUÉ MI BICICLETA del maletero, volví a colocar la rueda delantera y escuché mientras Paul repasaba el plan.

—Es un circuito de trece millas. Mayormente plano, pero hay una subida entre las millas tres y seis. Si has estado haciendo diez en Houston, esto será pan comido.

Estábamos en Pasadena, en un estacionamiento cerca del Rose Bowl. La Navidad había pasado, y yo había viajado a California para pasar tiempo con mi papá y llevar mi entrenamiento al siguiente nivel, saliendo a rodar con Paul. Era nuestra primera salida juntos y me sentía bien. O al menos me sentía bien hasta que vi a Paul vestido con su traje de licra.

El tipo era una bestia.

Siempre había sido fuerte y corpulento, pero al subirse a la bicicleta y hacer algunos ajustes finales en su casco parecía un velocista olímpico a punto de competir por el oro. Sus piernas eran el doble del tamaño de las mías, y su presencia hacía que la bicicleta pareciera diminuta. Paul medía un metro ochenta y pesaba alrededor de noventa y nueve kilogramos. Yo, en cambio, medía un metro sesenta y siete y pesaba sesenta y cuatro kilogramos. A su lado, parecía un niño flacucho que pasaba la mayor parte del tiempo jugando videojuegos y que había tomado prestada la bicicleta de su hermano mayor para el fin de semana.

Nos pusimos en marcha y por unos momentos todo iba bien. Podía mantener el ritmo de mi mejor amigo.

Luego salimos del estacionamiento.

—¿Todo bien? —preguntó Paul mientras nos incorporábamos al camino vacío.

—Sí, bien.

—Genial. Entonces, vamos a darle.

Paul ajustó sus cambios, aumentó la potencia en sus piernas y se lanzó hacia adelante como si se hubiera enganchado a un camión en movimiento. Hice lo imposible para mantenerme a su ritmo. En cuestión de minutos, mis piernas estaban cargadas de ácido láctico, mis pulmones ardían y mi estómago se retorcía con oleadas de náusea.

Paul redujo la velocidad, y para cuando llegamos a la subida en la milla tres, estaba pedaleando a mi lado, dándome palabras de aliento. Yo jadeaba y veía estrellas, y el tipo ni siquiera estaba sin aliento.

Nos detuvimos en la cima y Paul me pasó un gel energético. Lo absorbí de un trago y tomé una gran cantidad de agua.

—Creo... —dije entre sorbos y bocanadas de aire— que esto... ha sido... el peor error de mi vida.

Levanté la vista hacia Paul. Estaba sonriendo.

—¿Por qué pensé que podía hacer esto? —agregué.

Más sonrisas.

—¿Y por qué me pasé semanas en Instagram diciéndole a todo el mundo que vamos a recorrer mil millas sobre los Andes? ¡Si ni siquiera puedo hacer trece! Los chicos tenían razón al dejarme.

Las sonrisas desaparecieron. De ambos.

Poco después, seguimos pedaleando. La bajada fue mucho más fácil, especialmente porque Paul seguía conteniéndose. Mis pulmones dejaron de gritar tanto y la náusea comenzó a desaparecer. Mis piernas aún ardían, pero encontré una manera de canalizar mi tristeza por la banda en cada *pedalazo*. Cuanto más me dolía físicamente, más lamentaba en silencio el fin de la banda. Era pura emoción cruda y agotamiento físico. Era todo lo que tenía.

Durante las siguientes semanas en California, Paul y yo salimos a rodar mucho. Y de la misma manera en que mi trasero se había acostumbrado al asiento de la bicicleta, mis piernas y pulmones comenzaron a adaptarse a las exigencias de estar una hora o más en la carretera con Paul. Me ayudó a pasar de trece millas a veinte y luego a treinta. Y aunque terminaba de vuelta en la casa de mi papá, exhausto, anhelando un plato enorme de pasta y una siesta de toda la tarde, me sentía en paz. Estaba canalizando toda mi ira, frustración y desilusión a través de esas horas sobre la bicicleta. Era una oración profunda, sin muchas palabras, pero con muchísimo sudor.

A lo largo de estos años haciendo música he tenido la bendición de conocer a personas maravillosas. Productores, promotores, agentes y muchos más; nunca ha faltado gente a la que Dios ha usado para darme la palabra correcta en el momento justo. Y entre ellos, una de las personas cuyas palabras y sentido del tiempo siempre parecen ser los mejores es Marcos Witt.

La primera vez que supe de Marcos fue mientras investigaba cómo construir una carrera en la música cristiana. Busqué en Google «música cristiana en español» y ahí, entre los primeros resultados, estaba Marcos Witt, el epítome del artista cristiano que canta en español. En ese momento estaba en sus cuarentas, pero ya era el «más grande de todos los tiempos» (GOAT, por sus siglas en inglés). Sesenta millones de álbumes vendidos. Seis premios Grammy. Al hablar de éxito en términos de la industria, si Marcos Witt no lo había logrado, probablemente no valía la pena presumir de ello.

Lo conocí en el 2014, y en persona era aún más impresionante que en internet. Era amable, reflexivo y genuinamente interesado en un *youtuber* como yo, aunque no tenía ninguna razón para estarlo. Nos hicimos amigos, pero fue más que eso. Para mí, Marcos era un mentor, una especie de Yoda al que siempre podía acudir en busca de consejo.

Y lo hice. Muchas veces.

Como aquella vez en Bolivia, cuando llegué con mi banda y descubrí que la iglesia que nos había invitado ni siquiera había reservado un lugar para el concierto. Fue un caos de principio a fin, y un par de horas antes del evento, mi banda amenazaba con dejarme solo en el escenario. El primer número que marqué fue el de Marcos. Le conté lo que pasaba y cuán frustrado estaba con todos.

Se rio.

—Si tuviera un dólar por cada vez que me sentí así... —dijo—. Déjame hacerte una pregunta.

—Okay.

—¿Eres un artista o un soldado?

Ese fue el momento clave. Una simple pregunta que puso mi estrés en pausa. Fue como si se abriera mi visión para ver la escena en trescientos sesenta grados, como si pudiera salir de mi mentalidad egocéntrica y recordar la verdad de por qué estaba ahí en primer lugar. No estaba ahí para ser un artista y construir una carrera. Estaba ahí para ser un soldado y servir a Dios.

No sé cuál es la visión de Dios para la vida de Marcos Witt. No quiero basar mis metas en lo que él ha logrado. Pero sí quiero emular su carácter.

Esta tendencia de querer copiar a otros a veces nos hace tropezar. Nos aferramos a una narrativa de cómo debería ser nuestra vida. Nos enfocamos tanto en ella que, cuando algo nos interrumpe o amenaza con desviarnos del plan, entramos en pánico.

¿La raíz de todo esto? Estoy convencido de que tiene mucho que ver con la comparación. No debería sorprender a nadie que cuando pasamos horas viendo la vida de otros —o para ser más precisos, la versión cuidadosamente seleccionada de su vida que ellos eligen compartir— nuestra propia historia parece insignificante en comparación.

Como cristianos, no estamos exentos de esto. A veces ponemos a la gente en pedestales y confundimos el éxito mundano con la bendición espiritual. Nos fijamos en aquellos que creemos que «lo han logrado» y tratamos de alcanzar el mismo éxito. Pero al hacer esto, nos perdemos uno de los puntos más importantes de la vida de Jesús. Su invitación no era un llamado a alcanzar una serie de objetivos. Él no dijo: «Únanse a mi equipo y construiremos una religión que crecerá por millones en los primeros siglos». Lo que sí dijo fue: «Síganme» (Mt 4:19, NVI).

A los discípulos, así como al joven rico, Jesús les dijo: «Síganme». No era una promesa de resultados ni un ascenso de estatus. Era una invitación a tener una relación que transformaría por completo sus vidas.

Y sigue diciendo lo mismo hoy.

A mí.

A ti.

¿Cuál es tu respuesta? ¿Eres un artista o un soldado?

Por último, hacia finales de enero, volví a Houston. Tenía un par de nuevos compañeros de vivienda, pero sin la banda la casa se sentía vacía, silenciosa y solitaria. No me gustaba en absoluto.

—¿Evan?

—Ey, Marcos.

La llamada estaba atrasada desde hacía tiempo. Me tomó un rato explicarle mis planes para el viaje en bicicleta y todo lo que había pasado con la banda. Cuando terminé, Marcos me hizo una sola pregunta:

—¿Cómo te sientes?

—Frustrado. No creo que quiera estar en Houston más. Siento que todo está estancado.

—Eres como un auto en primera marcha. Los últimos años te han costado toneladas de energía solo para ponerte en movimiento; has invertido en la banda, en todo. Has sido el huracán Evan. Pero ahora necesitas cambiar. Tienes que hacer un cambio de marcha y enfocarte en cosas que sean más saludables para ti. Tienes que encontrar una banda a la que no tengas que arrastrar contigo.

Sus palabras me dejaron pensando. Desde que volví a Houston, me había estado sintiendo un poco víctima de la situación. No quería enfrentar la gigantesca tarea de reclutar y entrenar a una nueva banda. Después de todo, fueron ellos los que renunciaron. No se sentía justo que yo tuviera que empezar desde cero. Pero cuanto más pensaba en las palabras de Marcos, más entendía que cambiar de marcha no significaba volver a lo de antes. Significaba un nuevo comienzo. Una oportunidad para hacer las cosas mejor esta vez y evitar los errores del pasado.

Me gustaba mucho esa idea.

Y sabía exactamente dónde quería hacerlo.

***

Hubo una época en que Medellín, Colombia, era conocida como «La ciudad de los balazos eternos». Cuando yo estaba en el jardín de infantes, la revista *TIME* la declaró la ciudad más peligrosa del mundo. Y con razón. Era la cuna de Pablo Escobar, el narcotraficante más temido del planeta en ese entonces. Los asesinatos eran comunes y la corrupción estaba por todas partes. En aquel entonces, una persona como yo no habría durado más de unas pocas semanas en Medellín. Hoy todo es diferente.

Elegí mudarme a Medellín porque, de todos los lugares que había visitado a través de los años, era el más genial, vibrante, y lleno de emprendedores. Quizá debido a su pasado turbulento, la ciudad es ahora el lugar más optimista y enérgico que puedas imaginar. Está lleno de innovadores y artistas, de personas positivas y optimistas. Yo necesitaba un cambio de rumbo, y Medellín era el lugar perfecto para hacerlo.

A pesar de que había estudiado en España y pasaba un promedio de treinta semanas al año de gira, nunca había vivido realmente en el extranjero. Mudarme a Colombia condujo a un cambio importante, pero lo hizo más fácil el hecho de que cuando le conté mis planes de Medellín a mi mánager de gira, Adrián, él aceptó mudarse desde Costa Rica para acompañarme.

La vida mejoró casi de inmediato. Adrián y yo pasamos unas semanas en un Airbnb antes de alquilar un apartamento por seis meses. Encontré una iglesia a la que asistir y dediqué mi tiempo a vivir de la manera que Marcos me había aconsejado. No más huracán Evan. Desde que llegué a Medellín, puse mi enfoque en las cosas correctas. Cada día estaba abierto, y lo llenaba de la mejor manera posible. Iba al gimnasio. Escribía canciones con otras personas. Salía a comer con nuevos amigos, y pronto descubrí que en Medellín probaría la mejor comida de mi vida. Mi boca comenzaba a hacerse agua apenas ordenaba un plato de arepas, esas gruesas tortillas de maíz rellenas de chicharrón, frijoles, arroz, huevos, un poco de carne molida y algunos de los aguacates más grandes y verdes

que jamás había visto. Era delicioso. Me recostaba en mi silla
después de dejar mi plato vacío, riendo con mis nuevos amigos, sintiéndome menos como el gringo de paso que solo venía
a tocar y luego volaba a otro destino. Me estaba convirtiendo
en parte de la comunidad.

La gente que conocí era increíble. Algunos habían abierto
estudios de grabación para apoyar a músicos jóvenes. Otros
habían fundado clubes comunitarios de fútbol. Conocí a mer-
cadólogos, ingenieros, creativos y emprendedores tecnológi-
cos. Me crucé con bandas superfamosas en el aeropuerto, con
uno de los mejores futbolistas del país en una cafetería y terminé viajando a Mónaco para grabar un sencillo. Las puertas
se abrían de par en par porque todas estas personas, desde
las más reconocidas hasta las menos conocidas, compartían
una misma mentalidad positiva y optimista sobre la vida. Si
alguien tenía un problema o una idea, la respuesta siempre
era la misma: «Hagamos lo posible para ayudar». Venir de
Houston, rodeado de estrés y tensión con mi banda, a un
ambiente tan lleno de vida fue como resurgir después de haber
estado demasiado tiempo bajo el agua.

Medellín es hermosa. Está situada en el extremo norte de
los Andes, en un valle profundo rodeado de montañas. Desde
abajo, no se ven los atardeceres, pero las casas de colores
vivos tienen una belleza propia. Es un lugar mágico, y con
solo unos meses antes del viaje en bicicleta, quería intensificar mi entrenamiento.

Descubrí que la ciudad es muy amigable con los ciclistas. Cada domingo y martes cerraban carreteras para habi-
litar la ciclovía. Esto me hizo pensar. Hasta ese momento, el

viaje que Paul y yo habíamos estado planeando solo tenía un nombre genérico: «El viaje en bicicleta». Claramente necesitábamos algo mejor. Y Medellín me dio la idea perfecta. *Ciclo Vida* era un nombre que resumía todo lo que buscábamos: usar el viaje en bicicleta para recaudar dinero y transformar vidas.

Ponerle un nombre al proyecto fue fácil. Acostumbrar mi cuerpo al terreno de Medellín no lo fue. Había escuchado de un grupo de ciclistas, una mezcla de locales y profesionales europeos, que eligieron Medellín como base de entrenamiento. Me uní a ellos en una rodada hasta el aeropuerto, diez millas de ida y diez de vuelta. Sabía que mis piernas y pulmones podían resistir la distancia, pero la inclinación me preocupaba.

Era una bestia.

La carretera comenzaba a subir abruptamente desde el inicio y no se nivelaba hasta llegar al aeropuerto, a novecientos setenta metros sobre el punto de partida. Dado que Medellín ya está a casi mil quinientos veinte metros sobre el nivel del mar, eso significaba que las últimas millas del ascenso estaban a una altitud aproximada de más de dos mil cuatrocientos metros, el punto donde normalmente comienza el entrenamiento de altura. Cuando se está tan alto, hay menos oxígeno en el aire, la fatiga aparece más rápido, pero también tiene beneficios, y esa es la razón por la que muchos de esos europeos fueron a Medellín a entrenarse. A gran altitud, el cuerpo se ve obligado a adaptarse a la falta de oxígeno, por lo que los vasos sanguíneos se vuelven más eficientes y se puede tener más energía en una exposición sostenida a las grandes alturas. También mejora la función cardíaca y la salud general. Nada mal. Mi idea era que, si entrenaba en

Medellín, cuando llegáramos a los Andes en el viaje de *Ciclo Vida*, la parte después de las montañas sería pan comido.

A pesar de mi optimismo, mi primer intento de llegar al aeropuerto demostró lo contrario. Me tomó una hora y veinticinco minutos llegar a la cima. El descenso, en cambio, duró quince minutos. Fue una locura. El dolor que sentí superó con creces el que había experimentado con Paul en el Rose Bowl de Pasadena. Pero sabía que me estaba haciendo bien.

Intenté variar mi entrenamiento. A veces rodaba con los ciclistas profesionales. Otras veces salía solo. Había un circuito de sesenta millas que pasaba por las afueras de la ciudad, con algunas de las mejores vistas del país. Con el tiempo, aumenté mi resistencia hasta que me sentí listo para intentarlo. Y qué recorrido fue ese. Montañas, plantaciones de café, praderas alpinas llenas de ganado. Y cada tanto, un pájaro exótico volando sobre mi cabeza. Estaba muy muy lejos de casa. Y pasé millas y millas preguntándome cómo había llegado hasta ahí.

No todo fueron paisajes hermosos ni momentos de calma y reflexión. Cuando decidí intensificar mi entrenamiento, empecé a buscar rutas cortas en la zona donde pudiera trabajar mi velocidad. No tenía auto en Medellín, por lo que mi única opción era la carretera del aeropuerto. El grupo de ciclismo solo se reunía una vez por semana, así que comencé a enfrentarme a la ruta en solitario. Fue entonces cuando descubrí la desventaja de ser un ciclista solitario en una vía transitada. Después de demasiados sustos con autos a toda velocidad, decidí pedir consejo a un par de ciclistas que había conocido. Medellín, como era Medellín, me dio una respuesta inusual, pero ingeniosa: alguien conocía a un amigo llamado Juan Pablo que tenía una moto y que, por seis dólares la hora, estaba dispuesto a seguirme y actuar como mi protector en la carretera, incluso si quería salir a entrenar a las cinco de la mañana, antes de que el tráfico y el calor del verano fueran insoportables. Funcionó de maravilla. Tener a Juan Pablo detrás de mí hacía que los autos mantuvieran su distancia y que mi nivel de estrés bajara.

Sin embargo, un día me relajé demasiado. Estaba pedaleando por una de las calles más transitadas de la ciudad, tratando de avanzar entre el tráfico. Mi entrenamiento iba bien, me sentía fuerte y confiado, sobre todo con Juan Pablo escoltándome. Eso significaba que estaba abusando un poco de la velocidad y prestando muy poca atención a mi entorno. No iba prestando atención al camino y, de repente, como salido de la nada, apareció un bache lo suficientemente grande como para causarme un daño serio. Intenté esquivarlo, perdí el control y choqué de lleno contra un separador que dividía el carril del bus del tráfico general. Por suerte, estaba hecho de plástico y no de concreto, pero aun así era mucho más fuerte que yo. Salí despedido de la bicicleta y aterricé de costado en medio de la vía.

Creo que quedé aturdido, porque lo único que pasaba por mi mente era la esperanza de que mi bicicleta estuviera bien.

Entonces escuché a Juan Pablo gritando:

—¡Para, para!

Sentí sus manos levantándome del asfalto. Al alzar la vista, vi un autobús acercándose justo hacia donde yo había caído.

Estuve conmocionado por una o dos horas, rumiando sobre lo peligroso que era andar en bicicleta en una vía tan transitada.

Habíamos planeado que cinco o seis de nosotros participáramos en *Ciclo Vida*, y en ese momento tuve una revelación: aunque todos los demás fueran mejores ciclistas que yo, como organizador del evento, la responsabilidad de su seguridad recaía sobre mí. Si algo salía mal, sería mi culpa.

Sé que es una conexión obvia, pero la forma en que entrenamos nuestro cuerpo para ser más fuerte, rápido y resistente tiene lecciones espirituales muy claras. Solo podemos desarrollar nuestros músculos cuando enfrentamos resistencia, y lo mismo ocurre con nuestra fe y confianza en Dios. No nos gusta cuando las cosas están en nuestra contra, quizás sea una adversidad inesperada o una oposición que bloquea nuestro camino, pero la vida es difícil y cuando acudimos a Dios, crecemos.

No sé quién fue la primera persona en decir que «Dios no llama a los capacitados, sino que capacita a los llamados», pero quien lo haya dicho capturó una verdad poderosa. Somos una obra en proceso. Somos barro en manos del Alfarero. Si queremos que Dios nos use, nos moldee y nos transforme para sus propósitos, debemos esperar desafíos. La gente nos abandonará. Nuestras propias equivocaciones nos meterán en problemas. Nuestro ego tomará el control y terminaremos chocando con una serie de obstáculos que, en realidad, están ahí para nuestra seguridad.

La Biblia está llena de ejemplos sobre esto, y uno de mis favoritos es la historia de José. Después de ser engañado, traicionado y vendido como esclavo cuando aún era un joven (y algo arrogante), José pasó trece años en prisión. Al final de su historia, al enfrentarse a los hermanos que lo habían vendido, su perspectiva era clara:

«Ustedes pensaron hacerme mal, *pero* Dios lo cambió en bien para que sucediera como *vemos* hoy, y se preservara la vida de mucha gente. Ahora pues, no teman. Yo proveeré para ustedes y para sus hijos». Y los consoló y les habló cariñosamente. (Gn 50:20-21)

La historia de José deja claro que cosas malas suelen suceder. No es que Dios use el mal en sí mismo, sino que a pesar de la presencia del mal Dios sigue haciendo el bien. Por eso la vida de José glorificó a Dios cuando fue capaz de mostrar misericordia y bondad a sus hermanos, aun después de todo lo que le habían hecho. José aprendió una lección en el proceso. Él pudo haber pensado que su vida estaba arruinada en cualquier momento —mientras se encontraba en la fosa, en la cárcel, en el exilio— pero en lugar de eso permitió que su sufrimiento lo afilara y lo acercara más al Señor. Solo ese largo proceso de ser moldeado por Dios le permitió mostrar tal gracia a sus hermanos cuando regresaron. No dejó que la adversidad definiera su vida.

Adversidad. Pruebas. Tribulaciones. Llámalas como quieras. No tienen por qué quedarse así. Si aprendemos a perseverar y recorrer esa milla extra con Dios, esos tiempos difíciles pueden convertirse en herramientas para nuestro crecimiento.

Adrián estaba haciendo un gran trabajo organizando el *tour* de *Ciclo Vida*, pero yo tenía la responsabilidad de formar una nueva banda. Afortunadamente, tenía a Sebas en mi equipo, un ingeniero de sonido con quien había trabajado desde que lo conocí en un campamento en Bogotá en el 2014. Sebas era un verdadero *paisa*, nacido en Medellín, y tenía una enorme red de contactos y recomendaciones para mí. Pero más que eso, tenía una fe realmente contagiosa. Es una de las personas más generosas que he conocido: el tipo de persona que entrega sus zapatos y hasta su colchón a quien los necesite. Confía en que Dios proveerá, guarda poco para sí mismo y cree que una fe fuerte siempre debe traducirse en un impacto positivo en la vida de los demás. Tener a alguien como Sebas en el equipo solo fortalecía nuestra base.

La banda que armó estaba formada por músicos nuevos, pero con muchas ganas, algunos de los cuales nunca habían subido a un avión. Desde nuestro primer concierto juntos, justo después de Semana Santa, supe que eran perfectos. Luego de un vuelo temprano desde Medellín, nos esperaba un viaje de cinco horas por caminos irregulares y serpenteantes. Los nuevos iban apretujados en la parte trasera del miniván, tan apretados que apenas podían moverse. Pero ni una sola vez se quejaron.

El concierto en sí fue grande, lo suficientemente grande como para que estuviera Marcos Witt. El escenario estaba montado en el centro del recinto, con la audiencia rodeándolo por completo. Era un espectáculo impresionante, el tipo de escenario que podía marear a los nuevos, ya fuera por los nervios o por el ego. Pero una vez más, ellos se mantuvieron firmes, siempre enfocados en lo que Dios estaba haciendo. Comprendían la visión de lo que Él nos había llamado a hacer, y cada vez que hablábamos de *Ciclo Vida*, yo sentía una profunda gratitud con Dios por haber reunido a esta banda. Marcos y yo realmente no tuvimos oportunidad de hablar en el concierto, pero si la hubiéramos tenido, le habría dicho:

—Encontré una banda de soldados.

Con la banda lista, dirigí mi atención al otro equipo que necesitaba formar: los ciclistas. Un amigo de Miami, Pablo, se apuntó rápidamente. Paul también estaba completamente comprometido, y nuestra amiga en común, Essence, junto con su prometido Nathan, aceptaron pasar su luna de miel uniéndose a la travesía. Pablo estaba en excelente forma física, Essence era ciclista profesional de enduro y Nathan también era ciclista, así que comenzábamos con buen pie. Un gran comienzo, de hecho, pero quería que alguien de Latinoamérica se uniera a nosotros, y preferiblemente un profesional.

Empecé hablando con la gente que había conocido en Medellín. Según mi perspectiva, teníamos una propuesta bastante atractiva: íbamos a tener una gran presencia en redes sociales, y aunque el recorrido en sí superaba las mil millas, la manera en que lo habíamos dividido hacía que, para un ciclista profesional, el reto físico de *Ciclo Vida* no fuera tan difícil en comparación con una carrera de alto nivel. El *Tour* de Francia cubre más de cien millas al día durante más de tres semanas, mientras que la Vuelta a España promedia ciento cuarenta y nueve millas diarias en catorce días. *Ciclo Vida* dividía el recorrido en dieciocho días de pedaleo, con un promedio mucho más manejable de sesenta millas por día. Para un ciclista de élite sería relativamente sencillo, pero para alguien como yo era un desafío monumental, similar a correr casi un maratón completo cada día durante dieciocho días seguidos.

Con el fin de hacerlo más atractivo para los profesionales, siempre me aseguraba de explicar que planeábamos recaudar hasta cien mil dólares que serían donados a organizaciones locales sin fines de lucro que estaban transformando vidas en la región. Tendríamos tres vehículos de apoyo en todo momento, y cubriríamos la alimentación y el hospedaje de nuestros ciclistas durante el trayecto. Incluso estaba dispuesto a usar mis millas de viajero para ayudar con los vuelos de ida a Chile y regreso desde Argentina. Al menos para mí, *Ciclo Vida* era una gran oportunidad. Todo era ganancia, sin ninguna pérdida. ¿Cómo podría resistirse un profesional?

Debía estar pasando algo por alto, porque aunque algunos ciclistas locales mostraban interés, ninguno estaba lo suficientemente convencido como para decir que sí.

Así que me lancé a Instagram. Y lo hice con todo. Empecé a enviar mensajes a cada ciclista profesional latinoamericano que pude encontrar. Me puse en modo vendedor total, resaltando los beneficios y haciendo todo lo posible para comunicar qué gran oportunidad era aquella.

Aun así, nadie aceptó.

Así que amplié mi búsqueda. Empecé a contactar con marcas de bicicletas y cualquier otra persona de la región que pudiera aportar algo al recorrido.

Todavía nada.

Ya era junio y faltaban solo doce semanas para el inicio de *Ciclo Vida*. Empecé a estresarme. Si nadie aceptaba pronto, tendríamos que conformarnos con el equipo que ya teníamos. No me molestaba la idea de que fuéramos un equipo completamente estadounidense, pero no era mi primera opción. *Ciclo Vida* se trataba de sumarnos a lo que Dios ya estaba haciendo en Latinoamérica, y tenía sentido que algunos ciclistas latinos fueran parte del equipo.

Pasé horas navegando, explorando y buscando nuevas cuentas para seguir, hasta que vi a Alice Varela. En ese instante me detuve. Ella era todo lo que había estado buscando: una ciclista profesional de Venezuela. Pero eso era solo la mitad de la historia. Alice no era cualquier profesional sobre una bicicleta; era una ciclista paralímpica. Su cuenta de Instagram mostraba fotos de ella con una pierna protésica en su vida diaria, y luego sin ella mientras pedaleaba en un velódromo.

Hice todo lo posible por descubrir su historia. Parecía que había tenido un accidente y que su pierna derecha había sido amputada por encima de la rodilla. No podía decir con certeza si había empezado a andar en bicicleta antes o después del accidente, lo que sí resultaba evidente en sus publicaciones era que no dejaba que su discapacidad la detuviera. Le apasionaba inspirar a las personas y alentarlas a perseverar a pesar de cualquier adversidad.

Todo lo que vi y leí sobre Alice me impresionó. Sabía que sería una persona increíble para tener en el recorrido, no solo para nosotros los ciclistas y para el equipo en general, sino también para las diez audiencias a las que tocaríamos en el camino. ¿Qué tan increíble sería que Alice subiera al escenario durante cinco minutos en cada concierto? A lo largo de mis viajes por Latinoamérica, había conocido a muchas personas que enfrentaban enormes dificultades y estaba seguro de que los jóvenes se sentirían inspirados por su historia. Podría compartir su mensaje de resiliencia y determinación, algo que sin duda conectaría con muchas personas. Me encantaba la idea de entregarle el micrófono a Alice y animar a la gente a depositar su esperanza en Jesús. Todo el concepto tenía un gran potencial.

Sin embargo, Alice no estaba muy convencida.

Tan pronto como encontré su cuenta, le envié un mensaje directo, pero nuestra primera conversación no estuvo precisamente llena de entusiasmo.

@evancraft: *Hola, Alice. He visto tu perfil y me encanta lo que estás haciendo. Estoy organizando un recorrido en bicicleta desde Santiago hasta Buenos Aires en agosto con el fin de recaudar fondos para organizaciones benéficas locales. Me encantaría que te unieras a nosotros. ¿Podemos hablar para contarte más detalles?*

Respondió casi de inmediato.

@alicevareliita: *Nunca he salido de Venezuela.*

No era el peor rechazo que había recibido hasta el momento, así que insistí.

@evancraft: *Eso está bien, Alice. Podemos reservar los vuelos para ti. ¿Te gustaría unirte a nosotros?*

@alicevareliita: Tal vez. No sé. Tengo que hablar con mi entrenador primero.

Y eso fue todo. Después de esos pocos primeros mensajes, hubo silencio. No había logrado convencerla, así que dejé de insistir y volví a buscar a alguien más.

Un mes antes del inicio del recorrido, estaba revisando mi teléfono cuando vi una nueva publicación de Alice. Era como muchas otras que había compartido: una imagen de ella pedaleando, con la mirada fija y determinada en la pista frente a ella. Debajo, había escrito algo que encajaba perfectamente con la foto: «Tengo que seguir adelante. Y le diré a la gente que ellos también pueden hacerlo. Les diré que la vida sigue valiendo la pena».

Por primera vez, noté que vestía el uniforme de la selección paralímpica de Venezuela y empecé a pensar en cómo debía ser su vida allí. Con una inflación del diez mil por ciento y el país sumido en una crisis social y humanitaria sin precedentes, Venezuela aparecía en las noticias cada semana. Era un lugar casi imposible para vivir. La gente huía a Brasil, Colombia, Argentina, México y hasta Estados Unidos. La situación estaba tan dura que muchos preferían arriesgarlo todo para escapar. Y, sin embargo, Alice seguía allí.

Me impactó aún más lo extraordinaria que era. En las semanas anteriores, había revisado cientos, quizás incluso miles de cuentas de ciclistas en Instagram, y ninguna tenía la capacidad de inspirar y conectar como la suya. Era perfecta. Pero seguía en silencio.

Le envié otro mensaje.

@evancraft: Hola, Alice. Me encantaría que te unieras a nosotros en el recorrido. ¿Estás segura de que no puedes venir?

Esta vez, su respuesta no fue inmediata. Tardó días en responder. Pero cuando lo hizo, su tono había cambiado.

@alicevareliita: ¿Podría llevar a mi compañero de ciclismo?

Por un breve instante, consideré la idea de decir que no. No tenía idea de quién era su compañero de ciclismo, pero lo último que necesitábamos era alguien que solo viniera a aprovecharse. Estábamos tratando de recaudar la mayor cantidad de dinero posible, y pagar otro pasaje y el alojamiento representaba un gasto adicional. Pero luego lo pensé desde su perspectiva y me di cuenta de lo extraño que debía parecerle todo esto: un tipo completamente desconocido de Estados Unidos la contactaba de la nada y le ofrecía llevarla a otro país para participar en un evento de ciclismo un tanto atrevido. Si no sospechaba nada, probablemente debería haberlo hecho. Pedir llevar a alguien con ella no era un capricho ni un acto de diva; era una decisión totalmente sensata e inteligente. Eso hizo que me agradara aún más.

Así que al día siguiente le respondí:

@evancraft: ¡Sí! Nos encantaría tenerlos a ambos en el equipo.

Alice respondió de inmediato. Estaba más que feliz y me envió el enlace al perfil de su compañero de ciclismo.

Lo abrí de inmediato. Alex era otro atleta paralímpico, un joven cuya pierna derecha había sido amputada por debajo de la rodilla.

Capítulo **4**

Espera lo inesperado

NO RECUERDO CUÁNTOS años tenía cuando escuché por primera vez el nombre de Reinhard Bonnke. Supongo que fue mi papá quien me presentó a este personaje, pero no tengo memoria de dónde yo estaba en ese momento ni, más allá de algunos detalles, qué fue lo que me contó sobre él. Lo que sí recuerdo con absoluta claridad es lo que sentí.

·Sentí asombro. Emoción. Y una certeza inquebrantable de que Reinhard Bonnke estaba haciendo algo que hacía sonreír a Dios, el tipo de cosas que yo quería ver con mis propios ojos.

Si no sabes nada sobre Bonnke, necesitas remediarlo cuanto antes y leer su autobiografía, *Living a Life of Fire*

[Vivir una vida de fuego]. Fue un evangelista alemán conocido como el Billy Graham de África, y predicaba con frecuencia ante multitudes de más de ciento cincuenta mil personas. Durante los cincuenta años de su ministerio, vio a más de setenta millones de personas convertirse al cristianismo. Además de predicar el evangelio, seguía el ejemplo de Jesús y animaba a los enfermos a recibir oración por sanidad. Y la manera en que Dios sanaba a las personas era asombrosa.

Los ciegos veían. Los sordos oían. Personas que no podían caminar volvían a hacerlo. Los tumores desaparecían. Incluso los muertos resucitaban. El caos sagrado del libro de Hechos se desataba sobre multitudes desesperadas por ver a Dios en acción. En otras palabras, era exactamente lo que la Biblia dice que deberíamos experimentar. Era al mismo tiempo algo completamente ordinario y totalmente extraordinario.

Desde que supe de Reinhard Bonnke, me convertí en un gran admirador de su ministerio. Pero de todas las historias sobre su vida y su relación con Dios, mi favorita no ocurre en una de sus cruzadas ni trata sobre alguien que fue sanado.

Bonnke era un niño de doce años que vivía cerca de un pequeño puerto en Alemania. Le gustaba estar cerca del agua, especialmente jugar en el lodo cuando la marea bajaba y observar los barcos de carga que quedaban varados, inclinados de lado, atrapados por el barro y el sedimento. Le maravillaba que esos enormes buques que pesaban cientos de toneladas pudieran ser levantados y trasladados, pero en cuestión de horas la marea subía y los barcos volvían a flotar, alineados junto al muelle. Entonces Bonnke solía apoyarse en la barandilla de metal del muelle, colocar un pie sobre el barco y empujar con todas sus fuerzas. Y cada vez que lo hacía, el barco se movía.

«Cuando obedecemos la Palabra de Dios», dijo Bonnke, «la marea sube. Lo inmovible se vuelve movible. Lo incurable se vuelve curable. Y lo imposible se vuelve posible».

A principios de agosto del 2018, Reinhard Bonnke y el poder del Espíritu de Dios rondaban constantemente por mi mente. Me di cuenta de que la inquietud que me había llevado a idear *Ciclo Vida* no solo era una insatisfacción con la sensación de que mi vida se había vuelto demasiado cómoda. Era un síntoma de que no me había sentido asombrado por Dios últimamente, y eso era ciento por ciento mi responsabilidad, no la de Dios. No lo había visto en acción porque no lo había estado buscando. Estaba demasiado ocupado con la rutina como para empujar los barcos en marea alta. Había perdido el asombro y la emoción porque no los estaba persiguiendo.

Cuanto más se acercaba el inicio del recorrido, más claro lo veía. Esta era mi oportunidad de dejar de vivir en piloto automático y ponerme en una posición donde no tuviera más opción que depender de Dios. Era una oportunidad para empezar de nuevo y volver a la forma en que solía ser. Era la oportunidad de correr riesgos y abrir bien los ojos para ver a Dios en acción.

Cuando el 25 de agosto saqué mi bicicleta y mi exceso de equipaje del aeropuerto de Santiago de Chile, supe que el juego había comenzado. Faltaban cuatro días para el inicio del recorrido, seis para nuestro primer concierto y al menos cuarenta y ocho horas antes de que llegara el resto del equipo de *Ciclo Vida*. Era la calma antes de la tormenta, la oportunidad de salir a la orilla del río en marea baja, como aquel niño de doce años que fue Bonnke, y maravillarme con lo que Dios estaba a punto de hacer.

Ya era consciente de cuánto lo necesitábamos. En las últimas semanas, habían llegado noticias preocupantes sobre turbulencias financieras en Argentina. Siempre hay cierto nivel de caos allí, pero incluso para los estándares habituales, las noticias eran alarmantes. La inflación se había triplicado, los cultivos de soja habían fracasado y el Fondo Monetario Internacional (FMI) acababa de otorgarle al país el préstamo más grande de su historia. Todo estaba en crisis, y el peso argentino caía más y más con cada mes que pasaba. Algunas de las iglesias donde íbamos a tocar ya estaban preocupadas por los costos, y el hecho de que el peso valiera menos que cuando comenzamos a planear el recorrido estaba ejerciendo aún más presión sobre nuestro presupuesto.

Era preocupante, pero también simplificaba las cosas: sin Dios, estábamos en problemas.

Desde el aeropuerto de Santiago, conduje hacia el oeste por la autopista hasta nuestra base de salida en Viña del Mar. Es un lugar hermoso, con una fuerte cultura musical y el imponente océano Pacífico como telón de fondo, el escenario perfecto para comenzar una aventura como la nuestra. Me sentía más en forma que nunca y, después de haber pasado tanto tiempo entrenando en la altitud de Medellín, ahora estaba cosechando los beneficios. Cuando ensamblé mi bicicleta y pedaleé unas pocas millas al llegar, me sentí como Superman. Además, era invierno en el hemisferio sur y, por estar bastante lejos del ecuador, la temperatura era considerablemente más fría que en Medellín. El aire fresco y el cielo despejado parecían decirme: ¡*Vamos!*

El equipo había crecido y ya éramos dieciocho personas. Con Alice y su compañero de ciclismo a bordo sumábamos siete ciclistas, además de la banda y el equipo técnico, que incluía a Adrián, Sebas y un pequeño grupo de videógrafos. Quería estar allí para recibirlos a todos, así que pasé mis primeros tres días en Chile conduciendo las setenta millas de ida y vuelta entre Viña del Mar y el aeropuerto para recoger a la gente y llevarla a nuestra base. Los videógrafos, que habían volado desde Guatemala y El Salvador, me impresionaron de inmediato. Fue genial reencontrarme con Paul y Pablo, así como ver a Essence y conocer a su esposo, Nathan. Se notaba que todos los ciclistas estaban emocionados por el desafío que teníamos por delante, y por su apariencia, se veían en excelente forma física.

Había otra persona que volaba para unirse a *Ciclo Vida* y a quien estaba esperando con una gran ilusión: mi hermana mayor, Lindy. Ella es médica especializada en trauma, así que, aunque esperábamos que no tuviera que atender ninguna emergencia durante el recorrido, era un gran alivio contar con su presencia. Era como ese seguro extra que sabes que probablemente no necesitas, pero que de todas formas compras en la agencia de alquiler de autos. Al contar con sus habilidades y experiencia, esperaba que eso significara que no tendríamos que recurrir a su formación médica en absoluto.

Esa no era la única razón por la que estaba con nosotros. Lindy acababa de pasar por una ruptura y se hallaba en uno de esos momentos de la vida en los que simplemente necesitas presionar la pausa, empacar una maleta y alejarte miles de millas de todo. Necesitaba desconectarse, relajarse y olvidar por un tiempo su vida en casa.

Había más razones para alegrarme de que estuviera con nosotros. Lindy nunca había estado en Latinoamérica ni había visto uno de mis conciertos en vivo. Tener a mi hermana mayor conmigo en un momento tan importante era un regalo. Y lo mejor de todo, sentía que Dios estaba tramando algo. Lindy y la iglesia no habían tenido la mejor relación durante muchos años, pero el hecho de que estuviera dispuesta a venir a Chile y unirse a nosotros mientras pedaleábamos, tocábamos, orábamos y hablábamos *mucho* sobre Dios me llenaba de felicidad.

Ahí estaba yo, en el lodo, mirando un barco inmóvil. Solo Dios podía hacerlo moverse.

—Ey, predicador —dijo Lindy cuando nos abrazamos en la zona de llegadas.

—Qué bueno verte, hereje.

Lindy dio un paso atrás y me miró detenidamente, como si estuviera estudiando una tomografía de mi cerebro.

Siempre he tenido una relación bastante sólida con la moda o al menos así lo veo yo. Cuando era niño, adopté el cómodo estilo *skater*; en la adolescencia, coqueteé con un *look* más *nerd*; y en mis veintes, encontré mi propio estilo. No soy el mejor vestido, pero tampoco el peor.

Sin embargo, Lindy pensaba diferente. Y quizás tenía razón. En ese momento, a solo un par de días del inicio del recorrido, no me veía en mi mejor forma. Parecía un fanático del ciclismo. Llevaba un pantalón deportivo, un calzado extremadamente cómodo y, seguramente, alguna camiseta técnica de esas que los ciclistas aficionados les tienen demasiado cariño.

—Sí —dijo con la mirada crítica detenida en mi camiseta reflectante de secado rápido—. Nunca te vas a casar, lo sabes, ¿verdad?

Mi último viaje de Viña del Mar al aeropuerto fue distinto. En los anteriores, me había sentido emocionado, sobre todo porque íbamos a pedalear por esa misma carretera en el inicio del recorrido. Mi mente divagaba imaginando lo que se sentiría estar ahí con los otros seis ciclistas, avanzando juntos en un pelotón perfecto, protegiéndonos del viento, devorando milla tras milla. Era una imagen que no podía esperar a experimentar en la vida real.

Pero en este último trayecto, las cosas fueron diferentes. Era temprano en la mañana y el sol aún no había salido.

Los nervios son parte habitual de mi vida. Hay ciertas sensaciones que siempre aparecen en la última media hora antes de un concierto. Me entran mariposas en el estómago, me pongo ansioso y empiezo a contar los minutos hasta que empiece la música y finalmente pueda relajarme. Hubo un tiempo en el que los nervios me inquietaban y los veía como una distracción molesta. Pero con los años aprendí a aceptarlos, abrazarlos y apreciarlos por lo que son: señales de que estoy haciendo algo que implica un riesgo. Algo que importa. Algo que podría salir terriblemente mal si mi cabeza y mi corazón no están en el lugar correcto, pero que si me hago a un lado y dejo que Dios actúe podría salir increíblemente bien. Sentirme nervioso no me aleja de la acción; me acerca más a ella. Supongo que eso es parte de lo que Marcos intentaba decirme cuando me preguntó si era un artista o un soldado. A los soldados se les entrena para correr hacia el riesgo. Como artista, puede ser tentador evitarlo.

Estaba nervioso en este último viaje porque por fin iba a conocer a Alice y a su compañero de ciclismo, Alex. *Ciclo Vida* era un riesgo y algo que realmente importaba. Estaba decidido a hacer todo lo posible para no interponerme en el camino de Dios. Quería que el recorrido cumpliera su propósito. Estaba determinado a ser un soldado, no solo un artista.

Traer a Alice y Alex también constituía un riesgo, y para mí era fundamental que las cosas salieran bien para ellos. Mientras me dirigía a su encuentro, sentí el peso de la responsabilidad. Todos los demás ciclistas venían de Estados Unidos. Todos éramos personas sin discapacidad. Compartíamos perspectivas similares sobre el mundo y abordábamos el recorrido con la misma confianza.

Con Alice y Alex era diferente. Sabía sus nombres y tenía el número de Alice, a la que le había enviado dinero por PayPal para cubrir el cargo por exceso de equipaje y poder traer sus bicicletas desde Venezuela. Pero lo que realmente sabía de ellos era cuán distintos eran del resto de nosotros. Lo que desconocía sobre ellos era inmenso: sus historias, su visión de la vida, su estado actual, su condición física, su habilidad para pedalear con sus amputaciones y su fe. Y, aun así, ahí estaba yo, a punto de llevarlos a una travesía que ya me tenía nervioso a nivel personal. Estaba en la mejor condición física de mi vida, pero después de tantos recorridos por esa carretera, los primeros destellos de duda habían comenzado a surgir en mi mente. ¿De verdad podría recorrer mil millas de costa a costa, cruzando los Andes en el proceso? ¿Podría Alice? ¿Podría Alex? ¿Me había dejado llevar demasiado por la emoción de haber visto algo en Instagram que, en retrospectiva, terminaría lamentando?

Estacioné el auto y me dirigí, como tantas otras veces, hacia la zona de llegadas.

Los vi de inmediato. Se veían cansados. Tal vez un poco ansiosos también.

Pero lo que no tenían fue lo que más me preocupó. Apenas llevaban equipaje: una mochila y un bolso de mano estándar, demasiado poco para un viaje de un mes. Nada parecido a las montañas de equipo que el resto del grupo había traído consigo. No había bicicletas cerca de ellos. Y Alice estaba en muletas, sin rastro de una pierna protésica. La pernera derecha de su jeans estaba anudada justo donde antes estaba su rodilla.

Me acerqué y me presenté.

—Me alegra muchísimo conocerlos por fin. Y estoy muy agradecido de que hayan aceptado venir. ¿Aún esperan alguna maleta? Las bicicletas deben estar en el área de equipaje especial.

—No, esto es todo nuestro equipaje —dijo Alice con su voz aguda, rápida y casi atropellada—. Y las bicicletas... fue terrible. No nos dejaron registrarlas en Caracas. Dijeron que teníamos que pagar en bolívares y no con transferencia. Eran las tres de la mañana y no había ningún lugar abierto para conseguir el efectivo. Así que tuvimos que dejarlas.

Hizo una pausa y lanzó una mirada a Alex.

—Lo siento.

Lo dijo con cautela, como quien prueba el hielo de un lago congelado para ver si es lo suficientemente fuerte para sostenerlo. Miró a Alex otra vez. Él se tensó y le puso una mano en el hombro.

—No se preocupen —les dije y aparté a un lado mi decepción, asegurándome de mirarlos a ambos a los ojos con una sonrisa—. En serio, todo va a estar bien. Lo importante es que están aquí.

Caminamos de regreso al estacionamiento mientras yo intentaba descifrar cómo conseguiríamos dos bicicletas de ruta de calidad y del tamaño adecuado en tan poco tiempo. En Medellín tenía una bicicleta extra que probablemente le serviría a Alice. Transportarla hasta Santiago era posible, ya que dos chicos de la banda tenían previsto volar desde Medellín en un par de días. Si lograba que el guardia los dejara entrar a mi apartamento, podrían empacarla y traerla con ellos. Eso significaría que Alice se perdería el primer día del recorrido, pero era mejor que nada. Para Alex, tendríamos que pedir ayuda en Santiago y esperar que alguien pudiera prestarnos una.

Una vez que estuvimos en el auto, hice la pregunta que había estado rondando en mi mente desde que los vi en la zona de llegadas. Algo me decía que Alex todavía estaba tratando de averiguar si podía confiar en mí, así que me aseguré de mantener un tono ligero y relajado.

—Entonces, Alice —dije mirándola a través del espejo retrovisor—, ¿por qué no tienes la prótesis que aparece en todas esas fotos de Instagram?

Ella se movió en su asiento.

—No es mía. O sea, lo fue por un tiempo. El gobierno me dijo que me darían una prótesis y prometieron ajustármela. Incluso me hicieron tomarme todas esas fotos con ella. Estaba tan emocionada. Iba a cambiar mi vida. Pero no fue posible usarla.

—¿Por qué no?

—Nunca la ajustaron bien. Tenía cinco centímetros más que mi otra pierna, lo que significaba que era realmente incómoda y no podía hacer nada con ella. Al final, simplemente se la llevaron de vuelta.

—¿Estás bromeando? ¿Tu gobierno haría algo así?

Alex y Alice me lanzaron la misma mirada. Una mirada que decía: *¿Por qué te sorprende en lo más mínimo?*

Pensé en la diferencia entre la imagen que me había formado en mi mente sobre la vida de Alice y la realidad. Había asumido que con su prótesis podía hacer casi todo lo que había hecho antes de perder la pierna. En aquel momento, ya no estaba tan seguro. Y tampoco estaba seguro de que el desafío de *Ciclo Vida* se limitara solo al tiempo que pasara sobre la bicicleta. Usar muletas significaba que necesitaría ayuda para cargar sus cosas y que las escaleras serían un problema.

Alex debió haber leído mi mente.

—Aunque es rápida con esas muletas. Lo suficientemente rápida como para alcanzarme y darme un golpe si me porto mal.

Alice se inclinó hacia adelante y le dio un manotazo juguetón en la cabeza a Alex. Algo me decía que eran más que simples compañeros de ciclismo. Seguimos conduciendo en silencio durante un rato. Luego, Alice habló.

—¿Cuántos otros atletas paralímpicos están en *Ciclo Vida*?

—Solo ustedes dos —dije.

Se miraron de nuevo, y de repente me di cuenta de que no era el único que había hecho suposiciones equivocadas. Claramente esperaban que hubiera más personas con discapacidad en el recorrido, y la noticia los tomó por sorpresa. Intenté recordar si en algún momento les había dado la impresión de que habría más ciclistas paralímpicos en el equipo, pero estaba bastante seguro de que no lo había hecho.

—¿Eso está bien para ustedes?

Alice inhaló profundamente y buscó las palabras.

—No. Está bien. Pero, Evan, voy a ser más lenta que ustedes. Alex tiene pleno uso de los músculos de ambos muslos, así que él estará bien. Él podrá seguir el ritmo. Pero mi amputación es por encima de la rodilla, así que tengo la mitad de la fuerza que el resto de ustedes. No puedo subir colinas. Entonces, en realidad, la pregunta es para ti. ¿Eso está bien para ti?

—Sí —dije. Y lo afirmé con cada gramo de sinceridad que tenía dentro de mí—. Por supuesto que está bien. Realmente creo que Dios los trajo aquí para que sean parte de esto. Haremos lo que sea necesario para que todo funcione para ustedes.

La conversación cambió hacia el recorrido en sí, y repasamos los detalles nuevamente. A pesar de los problemas con las bicicletas de Alice y Alex, y la creciente presión financiera debido a la crisis monetaria en Argentina, el plan del recorrido había permanecido sólido desde el momento en que aseguramos la ruta y los conciertos.

—La única variable es el clima —dije—. Y estoy revisando un montón de pronósticos diarios. Todos dicen que no habrá lluvia ni viento ni cambios significativos de temperatura. Es un clima ideal para pedalear, así que mientras logremos nuestra meta de distancia diaria, todo estará bien.

Justo estábamos llegando a Viña del Mar cuando vimos el océano por primera vez. Alice quedó de inmediato cautivada y se quedó mirándolo por la ventana.

Después de unos momentos de silencio, le hice a Alex la pregunta que había estado queriendo hacerle desde que lo conocí en el aeropuerto.

—¿Puedo preguntarte cómo perdiste la pierna?

—Por supuesto —dijo con una sonrisa mientras bajaba la mano y daba unos golpecitos en la prótesis que comenzaba justo después de su rodilla—. Iba en mi moto, girando a la izquierda en una calle de mi barrio. Había hecho ese giro cientos de veces antes y nunca había tenido problemas. Pero esta vez, un tipo en una camioneta intentaba escapar de la policía y dobló la esquina demasiado rápido como para que yo pudiera reaccionar. Vino directo hacia mí, chocó con la moto y me hizo volar.

Alex hizo una pausa. Yo no dije nada, aunque tenía cientos de preguntas en mi cabeza.

—Lo recuerdo todo. Tirado en el suelo mirando mi bicicleta a unos pocos metros de distancia. Estaba destrozada, retorcida de una manera que ningún mecánico podría reparar. Mientras la observaba, fui consciente del desastre a mi alrededor. Había sangre, pedazos de mis jeans y otras cosas esparcidas en una línea a unos tres metros de mí. Miré con atención, seguí el rastro que conducía justo hasta donde yo estaba. Era mi pierna, aplastada e inerte. No hice nada. Solo la miré. Se veía tan extraña. De repente, escuché a alguien gritar. Sentí un par de manos fuertes sujetarme y arrastrarme lejos de allí. Apenas me habían llevado al otro lado de la calle cuando mi bicicleta explotó. Lo siguiente que supe fue que desperté en el hospital. Estaba en cirugía. Me estaban operando, amputando la pierna, pero no tenían anestesia para darme. Tiraban de los tendones y los nervios, y podía sentir cada cosa que me hacían...

Su voz se apagó.

—No puedo imaginar lo doloroso que debió de ser para ti, Alex —dije mirándolo de reojo. Tenía los ojos llenos de lágrimas.

—Estaba gritando: «¡Alguien que me mate!». Créeme, fue horrible. No le desearía ese dolor ni a mi peor enemigo.

Manejamos en silencio por un rato.

—Operaron así durante dos horas. Les suplicaba que me mataran, pero no me escuchaban. Solo seguían trabajando, amputándome la pierna. Y no era solo el dolor lo que me atormentaba. Sabía que sin una pierna sería un inválido. Nunca más podría caminar ni trabajar. Sería una carga para mi familia. Acabaría como esos tipos en la calle, arrastrándome en una silla de ruedas, pidiendo dinero a la gente. ¿Quién se fijaría en mí? ¿Quién me amaría? No estaba perdiendo solo una pierna; estaba perdiendo mi vida. No quería eso. Ni para mí ni para mi familia. Así que decidí que en cuanto saliera del hospital conseguiría un arma y me pegaría un tiro.

Alex lloraba. Alice se inclinó hacia él y le puso una mano en el hombro. También lloraba.

A punto de llegar a la casa en Viña del Mar, les dije que en unos minutos estaríamos allí. Alex secó sus lágrimas con la manga.

—¿Y qué pasó? —pregunté—. ¿Cómo lograste sobrevivir?

—Durante mucho tiempo, sentí que suicidarme era la única opción. Pero, de algún modo, no lo hice. Tal vez estaba demasiado deprimido, porque solo me quedaba en casa sin hacer nada. Entonces, un amigo me visitó y me dijo que tenía un regalo para mí. Lo seguí afuera y vi una bicicleta con pedales. Al principio pensé que era una broma cruel, pero él me dijo que la bicicleta era mía, que estaba seguro de que podría montarla y que me haría bien. Lo intenté y descubrí que tenía razón. Podía andar en bicicleta, incluso sin mi pierna. Desde ese momento, tuve la fuerza para seguir adelante.

Solo conocía a Alice y Alex desde hacía un par de horas, pero cuando los llevé a la casa donde se hospedaba el equipo y los presenté a los demás ciclistas, quise que todos supieran lo increíbles que eran: fuertes y resilientes de una manera que me conmovía hasta las lágrimas. Habían pasado por más pérdidas y tragedias de las que podía imaginar. Hablaban de su dolor sin que los consumiera. Venían de un país que claramente no funcionaba, y aun así estaban dispuestos a arriesgarse con un desconocido como yo y embarcarse en esta loca aventura. Tenían más libertad, más fuerza y más coraje que muchas personas que conocía en casa.

El resto del equipo estaba terminando el desayuno cuando Alex, Alice y yo entramos. Mientras los presentaban a todos, ambos miraban la comida en la mesa: aún quedaban algunos platos con cruasán, jamón y queso.

—Deben de tener hambre —dije—. Sírvanse lo que quieran.

No fue necesario decirlo dos veces. Alice y Alex llenaron sus platos con dos de todo, y Alex tomó algunos cruasanes extra y los metió en su bolso.

—El almuerzo estará listo en unas tres horas —dije, por si pensaban que íbamos a salir de inmediato o que la próxima comida sería tarde.

Alex me miró como si le hubiera dicho que esa noche habría dos lunas en el cielo.

—¿De verdad?

—De verdad. Y la cena será a las siete. Luego, el desayuno mañana, igual que hoy. Los vamos a alimentar bien. Tenemos que darles energía para todas las calorías que vamos a quemar en la ruta.

Alice rio, pero Alex solo miró la mesa de comida y sacudió la cabeza.

—Nunca había visto tanta comida —dijo—. Nunca había visto algo así.

Siempre ha habido una parte de mí que quiere ser el héroe de Dios. Si veo a alguien que puedo ayudar, deseo hacerlo por completo y arreglar todo en ese mismo instante. Es bueno ayudar, pero esa ayuda tiene que ser sostenible y responder a lo que la persona realmente necesita. Con los años, he aprendido a equilibrar ese deseo con la sabiduría.

Pasé gran parte de la tarde buscando esa sabiduría. Me conmovía la manera en que el gobierno había tratado a Alice, el tormento que había vivido Alex y el hecho de que ambos vieran la comida como un lujo. Mi primera reacción fue buscar la forma de financiar sus vidas y asegurarme de que nunca volvieran a pasar hambre. Pero sabía que eso era solo mi impulso de querer resolverlo todo de inmediato. Era yo actuando desde mi propia fuerza, olvidando apoyarme por completo en Dios.

Necesitaba observar y ver hacia dónde se estaba moviendo Dios, no intentar forzar algo con mis propios medios. Tenía que seguir Su guía, no tomar el control por mi cuenta.

Es curioso, pero aquel día que recogí a Alice y a Alex en el aeropuerto estuvo lleno de posibles frustraciones. El hecho de que llegaran sin sus bicicletas era un problema importante, y la falta de una prótesis para Alice, junto con su confesión de que sería más lenta, afectaba enormemente la ruta. Incluso el tema de la comida fue algo inesperado en lo que nunca había pensado, y eso me hizo preguntarme qué más desconocía sobre sus vidas y expectativas. Todas esas preguntas y diferencias eran esenciales para lo que venía. Me hicieron detenerme. Me recordaron que, sin Dios, *Ciclo Vida* no era nada.

Planificar es bueno. Tener una estrategia que nos lleve al éxito resulta excelente. Estar preparados, bien entrenados y listos para enfrentar el desafío que viene es la marca de un pensamiento claro y una verdadera dedicación. Pero cuando nos aferramos demasiado a nuestras propias estrategias y planes, podemos olvidar la verdad. Como Reinhard Bonnke empujando esos pesados barcos de hierro atascados en el lodo, olvidamos que el único ingrediente verdaderamente esencial para la transformación es el poder de Dios. Hay una historia en el Antiguo Testamento que ilustra bien esto.

Después de cuarenta años vagando por el desierto, Josué fue elegido como el líder fuerte que sería el relevo de Moisés y, finalmente, llevaría a los israelitas a la tierra prometida. Reunió a su ejército y se preparó para atacar la ciudad de Jericó, cuando un ángel se le apareció.

> Josué fue hacia él y le dijo: «¿Es usted de los nuestros o de nuestros enemigos?». «No», respondió; «más bien yo vengo ahora *como* capitán del ejército del Señor». Y Josué se postró en tierra, le hizo reverencia. (Jos 5:13-14)

Para Josué, esta batalla era entre los israelitas y los cananeos; su perspectiva se había distorsionado. Se preguntaba si Dios estaba de su lado. Sin embargo, nos encontramos ante la pregunta equivocada. Esta era la batalla de Dios, y la verdadera cuestión era si Josué estaba del lado de Dios. Le ordenaron quitarse las sandalias (v. 15), un recordatorio claro de que luchamos en los términos de Dios, no en los nuestros.

Necesitamos encontrar el equilibrio entre la acción y la confianza. Muchas veces, cuando nuestros planes se estancan, tenemos una oportunidad perfecta para detenernos y volver a consultar con Dios. ¿Nos hemos apropiado demasiado de las cosas? ¿Hemos olvidado de quién es realmente la batalla? ¿Nos hemos obsesionado tanto con nuestros programas que comenzamos a tratar mal a las personas en nombre del ministerio?

Al menos en mi vida, el mensaje de Dios casi nunca es: *Evan, buen trabajo con la planificación. Ahora encárgate tú.* Generalmente es: *Evan, debes esperar lo inesperado.*

Dios sabe que esa es la mejor manera de mantener mis ojos fijos en Él.

Más tarde esa noche, mientras me preparaba para ir a la cama, encontré a Lindy sentada sola.

—¿Estás bien?

Cerró los ojos y estiró los brazos frente a ella, como si le hubiera recordado hacer su yoga de sillón.

—Genial —dijo y sonrió—. Realmente genial.

—¿Y te parece bien que todos estén hablando en español? ¿No te sientes excluida?

—Puedo seguir la conversación bastante bien. ¿Y tú? ¿Cómo te sientes para mañana?

Hice una mueca. En menos de doce horas, *Ciclo Vida* comenzaría. Físicamente, estaba listo. Mentalmente, estaba acelerado. Una parte de mí quería saltarse el sueño y salir a rodar de inmediato.

Nos quedamos en silencio por un momento.

Hubo un tiempo, cuando éramos niños, en el que Lindy y yo no nos llevábamos muy bien. Era el típico conflicto entre hermanos, aunque lo superamos pronto. Sin embargo, sentados ahí, sabiendo que mi hermana mayor estaba conmigo, me sentí como un niño otra vez, pero en el mejor sentido. Mientras ella estuviera ahí, todo iba a estar bien.

—Sabes —dijo—, tienes un problema con Alex.

La calidez del momento se disipó de inmediato.

—¿A qué te refieres?

Se incorporó y me miró a los ojos. La hermana mayor seguía ahí, pero también estaba la médica con ocho años de experiencia.

—Su prótesis. ¿Viste que tiene cinta adhesiva?

—Sí.

—Si hubiera sido ajustada correctamente, no necesitaría cinta. Pero claramente la necesita, así que todo este ciclismo podría causarle erupciones. Si se infectan, él podría estar en problemas.

—¿Qué tan grave?

—Depende. Pero si la infección se agrava, podría perder más parte de su pierna.

Capítulo 5

Lo peor de Evan Craft

ME DESPERTÉ LISTO. Me sentía increíble. No tenía dolores ni molestias, nada que pudiera frenarme. Mi cuerpo estaba lleno de energía, mi confianza alta después de meses de entrenamiento. Me sentí mucho mejor cuando revisé mi teléfono. Descubrí que un pastor local había accedido a prestarle a Alex una bicicleta Trek para toda la ruta. Mejor aún, un par de chicos de mi banda me habían enviado mensajes para confirmarme que en su visita a mi apartamento en Medellín habían conseguido mi bicicleta de repuesto y la traerían con ellos en su vuelo más tarde ese día.

Era el comienzo perfecto. Y en menos de una hora mejoró todavía más.

No había suficientes camas para todos en la casa del pastor Rodrigo, que era nuestra base, así que Alice y Alex habían dormido en otra casa cercana con una pareja amiga del pastor. Por la mañana, la esposa los llevó a ambos para que desayunaran con nosotros, y en cuanto entraron quedó claro que ya se llevaban bien. Conversaban como si se conocieran desde hacía años.

Cuando terminamos el desayuno, el pastor Rodrigo se sentó junto a mí y me dijo lo contento que estaba de que Alice y Alex hubieran conectado con la pareja.

—Hace poco perdieron a su hijo por el cáncer. Ha sido muy duro para ellos. Pero anoche se quedaron hasta tarde hablando y llorando con Alice y Alex. Creo que escuchar sus historias sobre cómo han perdido tanto y aun así han encontrado la manera de seguir adelante ayudó a mis amigos a sanar un poco.

Mi corazón se llenó de emoción.

Lo que más me impactó de Alice cuando la encontré en Instagram fue su honestidad y su actitud positiva. Tenía la intuición de que era la persona perfecta para esta ruta, pero verla en acción fue aún mejor. Y ni siquiera habíamos subido a las bicicletas todavía.

Mi optimismo estaba por las nubes.

El plan para el primer día del recorrido era sencillo. Después de un desayuno temprano, iríamos al malecón de Viña del Mar, tomaríamos algunas fotos, haríamos un par de entrevistas y luego partiríamos a las nueve y media, diez a más tardar. Planeábamos empezar con fuerza, con la meta de recorrer setenta millas y llegar a las afueras de Santiago. Una vez alcanzada esa distancia, nos subiríamos a los vehículos de apoyo y regresaríamos a Viña del Mar para pasar otra noche en casa del pastor Rodrigo y sus amigos. Al día siguiente, volveríamos a Santiago y retomaríamos la ruta desde donde la habíamos dejado.

Pero los planes encontraron su primer obstáculo cuando nos dimos cuenta de que, además de no tener bicicletas, Alice y Alex también necesitaban equipo esencial para rodar. Nos tomó un buen rato conseguir lo necesario, pero al final lo logramos. Hubo otro retraso con la bicicleta que Alex iba a usar, ya que no llegó tan temprano como esperaba. Cuando finalmente bajamos al malecón, ya pasaban de las once de la mañana.

Las entrevistas se alargaron hasta mucho después del mediodía. Para entonces, ya empezaba a ponerme un poco tenso. Quería estar en la carretera, avanzando algunas millas con el fin de llegar a nuestro destino antes del atardecer.

Hubo otra pausa mientras los chicos del video preparaban su dron. Fue en ese momento cuando noté a Alice. Estaba apartada del resto de los ciclistas, mirando fijamente el océano.

—¿Estás bien?

Me di cuenta de repente de que tal vez no lo estaba. La banda no llegaría con mi bicicleta de repuesto hasta el día siguiente, así que Alice se perdería los dos primeros días del recorrido. Para una profesional como ella, debía de ser frustrante.

Ella siguió observando el mar.

—Es tan hermoso...

—¿Qué? Ah, sí.

Eché un vistazo a las olas. Eran planas y un poco grises. Viniendo de California, no estaba seguro de ver la singularidad o hermosura del paisaje.

—No puedo creer que esté aquí, Evan. No puedo creer que realmente me encuentre en Chile y que esté viendo el océano. Nunca lo había visto antes.

—¿Chile?

—No. El océano.

Tardé un momento en procesar sus palabras, pero cuando lo hice me quedé atónito.

—¿Me estás diciendo que nunca habías visto el océano? Pero vives en Caracas. Está como a veinte millas de la costa.

Alice se encogió de hombros.

—Tal vez. Pero no nos dejan salir del complejo paralímpico sin permiso, así que da igual qué tan cerca esté.

—Espera... ¿No los dejan salir?

Alice me miró y volvió a encogerse de hombros, como si estuviera confirmando algo tan obvio que asumía que todo el mundo ya lo sabía.

Como todos, entendía que la vida en Venezuela era difícil. Sabía que casi el noventa y cinco por ciento de la población vivía en la pobreza y que, bajo cualquier criterio, el país apenas funcionaba. Sabía que la gente estaba atrapada por la pobreza, pero ¿que un atleta estuviera prácticamente cautivo?

Alice volvió a mirar el océano.

—En el centro paralímpico nos dan comida, así que estamos en una mejor situación que la mayoría. Pero también nos hacen muchas promesas que nunca cumplen.

—¿Qué tipo de promesas?

—Oh, ya sabes. Nos dicen que vamos a viajar para competir en un evento paralímpico internacional. A veces hasta nos compran los boletos, pero siempre pasa algo a último momento y cancelan el viaje. Una vez casi lo logramos. Nos levantamos a las cinco de la mañana listos para ir al aeropuerto, pero el auto nunca llegó y nuestros boletos fueron rechazados. No podemos confiar en ellos, pero ¿qué podemos hacer? No es como si hubiera un futuro mejor para nosotros en Venezuela. El centro paralímpico es lo mejor a lo que podemos aspirar.

Nos quedamos mirando las olas por un rato. De fondo se escuchaba el zumbido de un dron, pero no volví la cabeza.

—Por eso no puedo creer que nos hayan dado permiso para viajar y que realmente estemos aquí. Todas las cosas buenas que nos han prometido antes han resultado una mentira. Una parte de nosotros pensaba que esto también lo sería. Pero tú no nos fallaste. Estamos aquí. Mirando el océano. A punto de empezar el recorrido.

Alguien gritó mi nombre y me avisó que estaban listos para la toma, pero Alice no había terminado de hablar.

—Evan, no queremos volver a Venezuela. ¿Nos ayudarías a quedarnos?

Pasamos más de una hora tomando fotos y grabando algunos videos. Apreciaba que los chicos quisieran hacer bien su trabajo, pero según el cronograma, deberíamos haber salido a la carretera hacía tres horas. Íbamos tarde, y yo no estaba contento.

Los camarógrafos querían hacer una última toma de todos caminando hacia la playa, uno por uno, y sumergiendo las ruedas de nuestras bicicletas en el Pacífico. Era una toma importante, no quería perderla, así que me apresuré y esperé.

Lo que Alice había dicho me puso nervioso. Cuanto más pensaba en ello, más entendía por qué no querían regresar a Venezuela, pero me inquietaba que estuvieran tomando una decisión tan grande cuando solo llevaban veinticuatro horas fuera de su país. Quería ayudarlos, pero la responsabilidad se sentía como un peso que no podía cargar en ese momento. Muchas personas dejaban Venezuela, pero Alice y Alex no tenían nada: no tenían trabajo ni dinero ni contactos en Chile. Eran mucho más vulnerables que alguien con una salud física perfecta. ¿Podrían realmente enfrentarse a la vida como migrantes en un país extranjero? ¿De verdad quería ser la persona que los ayudara a salir de Venezuela solo para que descubrieran que la vida como refugiados era aún peor?

Las tomas estaban listas y yo también. Pero aun así no podíamos partir, porque uno de los tres vehículos de apoyo se había ido a hacer un recado. Nos quedamos ahí, algunos ciclistas aprovechando para comer un último bocadillo, otros, como yo, caminando de un lado a otro con impaciencia.

Por último, a las dos de la tarde, el vehículo regresó y por fin estábamos listos para salir. Yo me encontraba inquieto, con la sensación de estar electrificado, y en cuanto nos ajustamos los pedales y comenzamos a rodar por las calles de Viña del

Mar, me coloqué al frente marcando un ritmo acorde con mi estado de ánimo.

La primera media milla fue sencilla, calles planas con autos estacionados a ambos lados, alejándonos de la costa. Luego llegó la cuesta.

No era nada comparado con lo que estaba acostumbrado en Medellín, y apenas más empinada que la que había encontrado en mi primer recorrido en Pasadena con Paul. Pero después de dos millas de pedaleo, ya estaba luchando. Mi cabeza oscilaba de un lado a otro, mi respiración era entrecortada y mi estómago estaba «lleno de nervios». Si me sentía así en la segunda milla, ¿cómo iba a soportar las otras mil doscientas? Me estaba engañando si pensaba que este recorrido era posible.

Escuché a otros ciclistas acercándose y miré hacia atrás. Era Alex. Me sonrió.

—Siempre es difícil al principio. Todas esas millas por delante. Todas esas montañas.

Intenté pensar en algo que decir, pero no encontré palabras.

—Una milla a la vez, Evan. Eso es todo lo que tienes que hacer.

La cuesta se niveló pronto y poco a poco me fui sintiendo más cómodo. Giramos hacia la carretera, la misma por la que había pasado cada vez que iba al aeropuerto, pero en bicicleta se sentía completamente diferente. No había notado antes los escombros y la basura acumulada a los lados, ni la forma en que los autos y camiones se cruzaban caóticamente.

Los camarógrafos estaban encantados. El dron sobrevolaba por encima de nosotros y los chicos estaban apretujados en uno de los vehículos, pasando junto a nosotros repetidas veces. Tenían la puerta del miniván abierta de par en par, con el camarógrafo asomándose para grabar lo que seguramente serían tomas impresionantes.

Algo de esa energía de la filmación y el tráfico caótico pareció contagiarnos, porque cuando levanté la vista vi que estábamos dispersos en un tramo de casi treinta metros. No rodábamos como un pelotón, sino como seis desconocidos.

Diez millas después, Paul se adelantó, tomó la delantera y nos hizo una señal para que nos detuviéramos al costado de la carretera.

—Escuchen —dijo con voz firme—. No podemos rodar así. Vamos en pelotón, ¿entendido? Eso significa que hay un líder al frente, marcando el ritmo, y los demás lo seguimos sin dejar a nadie atrás. Si alguien va a quedarse rezagado tiene que gritar. Los de atrás pasan el mensaje hacia adelante y el pelotón baja la velocidad. El líder debe avisar sobre escombros u obstáculos, y todos deben mantenerse bien pegados al ciclista de enfrente. ¿Está claro?

Asentimos, y yo traduje para Alex con el fin de asegurarme de que lo entendiera bien. Me devolvió una mirada que dejaba claro que pensaba lo mismo que Paul.

Volvimos a rodar, esta vez tratando de mantenernos juntos y en formación como los ciclistas profesionales para reducir la resistencia del viento. Paul iba al frente marcando un ritmo constante y avisando cada vez que había escombros u obstáculos en el camino. Como el ciclista menos experimentado del grupo, me daba un poco de miedo tener que mantener mi rueda delantera a menos de diez centímetros de la trasera del ciclista que estaba frente a mí. Pero los demás eran expertos, seguros y acostumbrados a esto. Lo único que tenía que hacer era mantener mi lugar y seguir su ritmo.

Rodar de esa manera me permitió entender mejor a los otros ciclistas. La prótesis de Alex no parecía molestarle en absoluto, y claramente estaba aplicando potencia con ambas piernas sin problema. Essence nos estaba demostrando que vencer a una mujer no era nada fácil, y Pablo dejaba en evidencia las ventajas de haber entrenado con profesionales en Colombia. Ya conocía la condición física de Paul por nuestras rutas en California, pero Nathan fue quien más me sorprendió. No se veía tan corpulento como Paul, pero era alto, esbelto y extremadamente atlético. Íbamos todos a la misma velocidad, algunos con más esfuerzo que otros. Pero Nathan parecía como si no estuviera esforzándose en lo más mínimo. Cuando tomó el relevo de Paul al frente, a pesar de estar recibiendo el viento de lleno, apenas necesitaba hacer esfuerzo alguno.

Cuarenta minutos después, Nathan se tensó y gritó:

—¡Pinchadura!

Todo el pelotón redujo la velocidad y se detuvo al costado de la carretera. Fue mala suerte, pero no algo inesperado. Mientras Nathan desmontaba la rueda y reemplazaba la cámara de aire, los demás aprovechamos para beber agua y debatir qué apodo deberíamos ponerle al estudiante de medicina atlético, rubio y siempre sonriente.

—Thor —dijimos todos al mismo tiempo.

El apodo quedó de inmediato.

Treinta minutos después, volvíamos a la carretera.

Diez minutos más tarde, otro ciclista gritó de nuevo. Otra pinchadura. Esta vez Alex había pasado sobre algo filoso, y la situación ya no nos pareció tan graciosa.

—No lo puedo creer —dije—. Dos pinchaduras en media hora. ¿Alguna vez han visto que pase esto?

Nadie lo había visto antes.

Nos quedamos ahí, viendo cómo Alex cambiaba su llanta. Fue un poco más rápido que Nathan, pero los minutos se sintieron más largos y pesados que en la primera parada. Esta vez no hubo bromas ni conversaciones animadas. Solo seis ciclistas frustrados pateando piedritas, tornillos y otros desechos que ensuciaban la orilla de la carretera.

Revisé mi reloj. Hice algunos cálculos. Habíamos recorrido veinte millas en una hora y media. Cuando estábamos rodando y sin cambiar llantas, nuestro promedio era de trece millas por hora. A este ritmo, nos tomaría otras cinco horas llegar a Santiago. Ya eran las tres y media de la tarde, lo que nos dejaba apenas dos horas y media de luz para seguir rodando. No había forma de que lo lográramos. Ni siquiera nos acercaríamos. Y si el resto del viaje iba a ser así, con ocho horas sobre la bicicleta, no había manera de que pudiera hacer los conciertos en las noches también.

Alex terminó de ajustar su llanta y volvimos a rodar, esta vez con Pablo al frente del pelotón. Mi mente estaba inundada de cálculos sobre distancias y tiempos, tratando de determinar hasta dónde podríamos llegar al final del día y cómo tendríamos que ajustar los objetivos de los siguientes días. Esta situación no era la que había imaginado para el primer día del recorrido, y la frustración me consumía.

Además, empezaba a sentirme mareado y de mal humor por no haber comido nada desde las nueve de la mañana. Algunos ciclistas habían tomado bocadillos mientras esperábamos salir de Viña del Mar, pero yo no. Y ahora me arrepentía, sobre todo porque el ritmo de pedaleo había aumentado. La idea de seguir dos horas más así no me parecía nada buena.

Tenía mi teléfono configurado para poder llamar al equipo de apoyo mientras rodaba. Adrián estaba organizándolo todo. Se encontraba en uno de los vehículos, y el plan para ese primer día era que él se encargara de conseguir comida y se reuniera con nosotros cuando fuera hora de parar a comer. Consulté con los otros ciclistas y todos estuvimos de acuerdo en que ya era un buen momento para recargar energía.

El problema era que Adrián no contestaba el teléfono.

Intenté de nuevo. Nada.

Llamé a otro de los chicos. Entre el ruido de la carretera y la necesidad de mantener mi posición en el pelotón, solo pude hablar en frases cortas, casi gritando.

—¿Dónde está Adrián?

—Oh, hola. Fue a buscar comida.

—¿Ya volvió?

—Todavía no. Lleva un rato afuera.

—¿Cuánto tiempo?

—Un par de horas ya. Estamos tratando de llamarlo, pero no responde.

Por un momento, me pregunté si algo le habría pasado, pero aparté la idea de mi cabeza.

—Necesitamos comida ya. Estamos quemando calorías a lo loco.

Pasaron unos minutos y, de repente, se escuchó otro grito familiar:

—¡PINCHADURA!

Esta vez había sido Essence, y todo el pelotón gruñó con frustración.

—¿Estás bromeando? ¿Cómo vamos a llegar a Buenos Aires en un mes si no podemos avanzar cinco millas sin pincharnos?

Nos detuvimos y vimos cómo Essence ponía manos a la obra.

Intenté llamar a Adrián otra vez, pero la llamada sonó sin que él contestara. Cuando colgué, me di cuenta de que la mayoría de los otros ciclistas me miraban. Me quedé de pie observando la carretera. Esto no era lo que había imaginado para el primer día.

—Estoy pensando —dije con la cabeza dándome vueltas y el estómago rugiendo— que realmente necesitamos comer. Parece que hay una gasolinera en la salida de la autopista. Iré adelante mientras Essence cambia su llanta y veré si encuentro algo de comida.

Todos estuvieron de acuerdo y me adelanté solo.

Buenas noticias: la gasolinera estaba abierta y tenía una tienda con comida.

Malas noticias: la comida se reducía a unos cuantos sándwiches de queso viejos y duros. Tenía algo de dinero, pero no suficiente, así que compré lo que pude y esperé afuera a que llegaran los vehículos.

Entre el hambre, el estrés y la frustración, sentía que estaba a punto de explotar. Además de Adrián, había solo una persona con la que quería hablar por teléfono: mi papá.

—Hola, Evan. ¿Cómo va todo?

Solté un largo suspiro.

—Bien, supongo. Alice y Alex son geniales, y estamos en camino. Pero ha sido un día caótico. Muchas pinchaduras.

—Bueno, ya sabes que estas cosas pasan. Espera lo inesperado, ¿cierto, hijo?

Conversamos un rato más. Solo escuchar su voz me ayudó a calmarme un poco.

Poco después de terminar la llamada, los demás ciclistas llegaron, seguidos de dos de los vehículos. De Adrián, ni rastro.

Juntamos lo que nos quedaba de dinero para comprar el resto de los sándwiches y nos quedamos ahí, de pie.

—Lo siento —les dije a los ciclistas mientras masticaban pan duro y queso con lo poco que les quedaba en sus botellas de agua—. Esto no es lo que va a ser el resto del recorrido. Esperaba que...

Un auto salió de la autopista y entró a la gasolinera. Era Adrián. Bajó con una sonrisa y levantó una pequeña bolsa de compras.

—¿Alguien tiene hambre?

Lo miré, confundido.

—¿Qué pasó?

—Uff, *man* —dijo con su tono despreocupado de siempre—. Es una locura encontrar algo por aquí. Me tomó horas conseguir algo que todos quisieran. Pero miren, conseguí mantequilla de maní y mermelada, y un poco de pan. No sé si es el pan más fresco del mundo, pero al menos es energía, ¿no?

El hambre desapareció. El estrés por llegar a Santiago se esfumó. La frustración por las pinchaduras y el estado de la carretera se disipó. Y en su lugar apareció la rabia.

—¿De qué estás hablando, Adrián? Esto es una total falta de profesionalismo.

Su sonrisa desapareció. Su rostro palideció, pero yo no me detuve. Seguí regañándolo.

—Tu trabajo número uno es asegurarte de que tengamos comida cuando y donde la necesitemos. No es precisamente difícil y no debería tomar dos horas. Tu trabajo es simple, Adrián. Y encontramos nuestro propio pan duro sin tu ayuda.

—No me hables así, Evan. Estoy haciendo todo lo que puedo.

—¿De verdad? —dije mientras la ira aumentaba un nivel. Prácticamente le estaba gritando—. ¿Estás seguro, Adrián? Porque si esto es lo mejor que puedes hacer, entonces no tiene sentido que estés aquí.

Solo cuando me detuve me di cuenta de que todos me estaban mirando. Los camarógrafos, los otros conductores, los ciclistas. Todas las miradas estaban puestas en mí.

Di un paso atrás y miré el sándwich semiaplastado en mi mano. Me sentí terrible y supe que había sido un imbécil, pero no confiaba en mí mismo para disculparme de inmediato. Todavía estaba demasiado alterado.

Que forma genial de empezar el viaje, Evan. Acabas de demostrarles a todos exactamente cuáles son tus prioridades: el programa, no las personas.

Paul y Pablo se acercaron mientras yo ardía en mi propio enojo.

—Evan —dijo Paul con voz tranquila, pero con una firmeza inconfundible—. Así no vas a hablarle a la gente en este viaje.

Levanté la mirada y asentí. Deseaba con todas mis fuerzas poder retroceder cuatro horas y empezar de nuevo.

Paul sonrió.

—Come. Tranquilízate. Es el primer día. Vamos a superar esto. Mañana será mejor.

Tomé un bocado y traté de soltar un poco de la tensión.

—Evan, creo que deberíamos parar por hoy. Está bien. Podemos volver a la casa, comer algo decente y empezar de nuevo mañana. Podemos esforzarnos más en los próximos días para recuperar lo que no logramos hoy.

***

Tenía siete años cuando mi familia se deshizo.

Mi papá nos sentó a Lindy, a nuestro hermano Cameron y a mí, y nos dijo que le había sido infiel a mamá. Dijo que lo sentía. Que todo había sido su culpa y que estaba equivocado. Lloraba mientras hablaba. Las lágrimas fluían con más fuerza cuando nos pidió que lo perdonáramos.

Era demasiado joven para entender los matices de la conversación. No sabía qué significaba realmente «ser infiel», ni noté las diferencias en cómo reaccionaron mi hermana y mi hermano. No entendí que, como pastor, mi padre no solo había defraudado a nuestra familia, sino a toda la comunidad de la iglesia.

Pero había algunas cosas que mi mente de siete años sí comprendía: sabía que, fuera lo que fuera «ser infiel», era algo malo que había causado mucho dolor a mis padres. Sabía que mi papá había roto algo precioso y que jamás podría repararse. Y sabía, de la misma manera en que sé que el cielo está arriba y la tierra abajo, que mi papá estaba realmente, profundamente arrepentido y hablaba con sinceridad.

Un tiempo después, cuando mi papá ya se había mudado y aún tenía prohibido asistir a la iglesia, recuerdo haber leído sobre el rey David. Me recordó mucho a mi padre: un hombre al que muchos admiraban, pero cuyos errores lo llevaron al fracaso. Un hombre que reconoció su adulterio y clamó a Dios por misericordia.

Todo el episodio con mi papá quedó entretejido cuidadosamente en mi propia historia. Crecí valorando su arrepentimiento y su negativa a culpar a otros, incluso cuando él mismo fue maltratado. Aprendí a ver el fracaso como algo que debía esforzarme por evitar, pero que cuando inevitablemente ocurriera, debía reconocer y pedir perdón de inmediato y con sinceridad.

Aunque aquello significó el fin de nuestra familia viviendo bajo un mismo techo, agradezco haber podido mantener siempre una buena relación con mis padres. Mamá ha sido constante en mi vida, siempre apoyándome, siempre escuchándome cuando necesito hablar. Si mi papá me enseñó sobre el arrepentimiento, mamá me mostró lo que significa ser firme e inquebrantable. De mi papá heredé mi espíritu aventurero, y de mamá, la capacidad de pensar estratégicamente. Para este viaje, necesitaba aferrarme a ambos.

Cuando oscureció, ya estábamos de vuelta en la casa del pastor Rodrigo. Me di una ducha y, una vez vestido, pasé un rato en silencio sentado afuera. Podía escuchar al equipo adentro comenzando a disfrutar los enormes platos de carne asada y ensalada que nuestro anfitrión había preparado para nosotros.

Era tentador quedarme ahí toda la noche. Tentador repasar todos los años que había conocido a Adrián, buscando alguna justificación para la ira que desaté en la gasolinera. Como con tantas tentaciones, una parte de mí realmente quería ceder. A pesar de todo lo que había aprendido del error de mi padre, me costaba poner esas lecciones en práctica.

Solo me quedó orar. No fue una oración elocuente ni llena de victoria. Solo una cadena de suspiros profundos y palabras entrecortadas.

—Dios, estoy completamente agobiado. No puedo hacer esto solo.

Busqué a Adrián y le pedí disculpas. Le dije que yo había sido algo impulsivo y que estaba equivocado al reaccionar así con él. Le expresé que yo tenía que dar un paso al frente como líder y que no quería que nadie en el equipo se sintiera como lo hice sentir a él. Le pedí su perdón y me lo dio.

Más tarde, cuando nuestras barrigas estaban llenas de carne salada y nuestros párpados empezaban a pesar, nos reunimos como equipo.

—Chicos —dije—. Me equivoqué antes. Ya le pedí disculpas a Adrián, pero quiero disculparme con todos ustedes. No quiero ser el tipo de persona que grita así y trata mal a los demás. Quiero hacerlo mejor.

Se escucharon murmullos de aceptación, palabras de «no pasa nada» y sonrisas de perdón. Sentí la gracia en el ambiente, inmerecida como era.

A partir de ahí, la reunión fluyó. Hablamos con sinceridad sobre cómo había ido el día y en qué podíamos mejorar. No era solo yo liderando la conversación, sino que cada uno hablaba desde su propia experiencia. Adrián habló sobre los horarios de salida; Paul, sobre la importancia de rodar bien como pelotón. Pablo destacó la necesidad de tener suficiente comida y mantener la comunicación por celular. Essence explicó cómo los vehículos de apoyo debían permanecer siempre detrás de nosotros, actuando como un escudo contra el tráfico.

Cuando terminamos, nos abrazamos, reímos y nos fuimos a dormir con el corazón tan lleno como el estómago. Pero yo aún sentía las brasas del arrepentimiento y la vergüenza por cómo había tratado a Adrián.

Y quería seguir sintiéndolo.

Es una verdad triste, pero una verdad al fin: demasiadas veces nos convencemos de que, cuando luchamos por una causa noble, podemos justificar el maltrato a los demás. Como si pensáramos: *Si Steve Jobs pudo hacerlo, entonces debe estar bien, ¿no?*

No.

Lo que hacemos no es más importante que cómo tratamos a las personas. De hecho, la manera en que tratamos a las personas y lo que hacemos son inseparables. Eso es cierto para todos, pero lo es todavía más para los cristianos, quienes hemos sido llamados explícitamente a amar «A TU PRÓJIMO COMO A TI MISMO» (Mr 12:31). No podría ser más claro y, aun así, seguimos fallando.

He visto a muchas personas heridas en iglesias donde algún líder empieza a creer que el fin justifica los medios. «Es por el evangelio», dicen. «Vamos a bendecir a la gente con nuestro trabajo», mientras al mismo tiempo manipulan y se aprovechan de aquellos a quienes dicen guiar.

Jesús no lideraba así.

Cuando sus seguidores cometían errores, y lo hacían seguido, Él era paciente, amable, amoroso. Incluso cuando estaba tan angustiado que casi no podía soportarlo, no arremetió contra Pedro por cortarle la oreja al guardia en el huerto de Getsemaní.

Jesús no creía en una filosofía de «ganar a toda costa», al menos no cuando esos «costos» debían pagarlos otros. Como muchos de los mejores líderes, Él mismo arreglaba el desastre.

Eso es lo que significa la milla extra.

Significa ser pacientes unos con otros, especialmente cuando nuestros recursos son escasos y nuestros niveles de estrés son altos. Significa invertir en nuestros compañeros de equipo, incluso cuando no cumplen nuestras expectativas. Significa pedir disculpas cuando nos equivocamos, pero no para mejorar nuestra imagen o recuperar una posición de ventaja. Pedimos perdón porque es lo que estamos llamados a hacer. Y al solicitar el perdón de la persona a la que hemos lastimado, le devolvemos parte del poder que le hemos quitado.

Ahora bien, ir la milla extra no es solo arreglar las cosas después de haber explotado y vernos como insensatos en una gasolinera.

Recorrer la milla extra se parece más a la conversación que tuvimos como grupo. Estábamos cansados, llenos de comida, con emociones a flor de piel. Hubiera sido mucho más fácil apagar las luces y simplemente irnos a dormir sin tener esa conversación sincera y abierta sobre cómo podíamos mejorar. Hubiera sido sencillo evitar reabrir una vieja herida o crear nuevas, pero habría sido un error.

Recorrer la milla extra significa poner a las personas por encima de nuestras metas. Significa hablar cuando preferiríamos callar. Significa ser pacientes mientras invertimos en los demás. Significa corregir las cosas cuando están torcidas, antes de que se rompan. Y también significa que, a veces, las personas señalarán nuestros defectos justo cuando nosotros estamos pensando en los suyos.

No quiero llegar al final de mi vida, mirar atrás y ver un rastro de daño que he dejado a mi paso. Quiero mirar atrás y ver personas más firmes, más fuertes y felices por el impacto que tuve en sus vidas.

Supongo que quiero ser un poco como Noé... un hombre justo, un hombre íntegro. Cuando Dios le dijo que construyera un arca, él obedeció. Pero las burlas, las risas y el desprecio que recibió no debieron haber sido fáciles de ignorar. Seguro que hubo momentos en los que dudó. ¿Realmente había escuchado bien a Dios? ¿Era un acto de fe o un riesgo que estaba a punto de salir mal?

Sin embargo, Dios eligió a Noé porque era justo. Había vivido una vida que agradaba a Dios. También había algo más en él: era responsable, racional, creativo, lógico. Era un descendiente lejano de Adán y aún llevaba las marcas del diseño original.

No todos recibimos los planos de nuestra mayor aventura directamente de Dios. La mayoría avanzamos tropezando, viviendo un día a la vez, vamos hacia adelante poco a poco. Y está bien. No todos tenemos que construir un arca. No tenemos que salvar al mundo. Ese es el trabajo de Dios. Lo único que tenemos que hacer es decir sí a lo que Él nos pide.

Capítulo 6

Perder el control

EL SEGUNDO DÍA no se pareció en nada al anterior. Nos despedimos de nuestros anfitriones a las nueve de la mañana y a las diez ya habíamos llegado a la gasolinera a medio camino entre Viña del Mar y Santiago. Adrián compró algo de comida antes de comenzar, y partimos en un pelotón casi perfecto, con uno de los vehículos de apoyo actuando como nuestra retaguardia. No sentí el estrés ni la frustración del día anterior, y todo el equipo parecía trabajar como una sola unidad. Lo mejor de todo: no tuvimos ni un solo neumático pinchado. Era como si aquel primer día de *Ciclo Vida* hubiera pertenecido a otro equipo, en otro recorrido, en una carretera completamente distinta.

La autopista comenzó a ascender suavemente hasta volverse más empinada. Tuvimos nuestro primer vistazo de las montañas que custodian Santiago. Aunque las había contemplado muchas veces en los últimos días, presenciar esas vistas épicas desde la bicicleta me hizo apreciar su belleza de una manera completamente nueva.

Las conversaciones entre los ciclistas giraron en torno a qué otro lugar nos recordaba más el paisaje.

—Denver —dijeron Essence y Nathan.

—Ginebra —apunté yo.

—Vancouver —agregó alguien más.

Alex no dijo nada. Solo siguió pedaleando. Hice una nota mental de pensar bien antes de iniciar otra conversación en la que nuestro privilegio del primer mundo quedara tan evidente.

A medida que nos acercábamos a Santiago, Alex se hacía más fuerte. Pasamos por barrios acomodados, bordeados por favelas, mientras la carretera de dos carriles se transformaba en una autopista de cinco. Con cada milla, Alex avanzaba con más fuerza, pedaleando más rápido. Cuando llegamos a la ciudad y recorríamos la ciclovía de cinco millas que nos llevaría hasta el final del trayecto del día, Alex estaba en modo bestia. Con Alice a punto de unirse al equipo al día siguiente, esta era su oportunidad para darlo todo y demostrarnos de lo que era capaz. Si alguien había dudado de sus habilidades como ciclista, esas dudas habían quedado en el pasado.

Nos tomó tres horas recorrer las cuarenta y seis millas de ese día. Cuando nos detuvimos frente al palacio presidencial, sonriendo, riendo y celebrando nuestro primer gran hito con un café en la mano, sentimos que el día anterior realmente había quedado atrás. Los problemas físicos y logísticos que nos atormentaron en el primer día no tenían por qué ser una constante en el resto del trayecto. Podíamos seguir adelante con confianza, sabiendo que juntos teníamos lo necesario para llegar hasta Buenos Aires. Lo mismo ocurría con las relaciones entre nosotros: no tenía que preocuparme de si alguien guardaba resentimiento o rencor. Me habían dicho que todo estaba bien, así que dependía de mí creerles.

A veces, la milla extra significa cambiar la manera en que ves las cosas. Significa elegir confiar en lugar de ceder a la duda.

***

Al día siguiente no había ruta que recorrer, solo un concierto que preparar. La banda llegó con mi bicicleta de repuesto para Alice, y pasamos el día haciendo todo lo que normalmente se hace antes de empezar una gira: últimos ensayos repasando la lista de canciones, una prueba de sonido larga y varias horas de espera. Fue extraño salir completamente del modo ciclista y volver a la música, pero aprecié las similitudes entre los ciclistas y la banda. Ambos grupos entendían la importancia del trabajo en equipo, pero también el valor de dejar que cada uno brillara. Y cuando se trataba de lograr que *Ciclo Vida* fuera un éxito, todos estaban dispuestos a soportar cierta incomodidad en busca de un propósito mayor.

El concierto de esa noche en Santiago fue nuestra primera oportunidad para ver si *Ciclo Vida* funcionaría como esperábamos, inspirando y animando a las personas a seguir adelante, a recorrer la milla extra.

El recinto estaba repleto con tres mil personas, y desde el inicio sentimos que debíamos darlo todo. Canté una canción nueva que había escrito recientemente: «La milla extra». Es una canción divertida, de esas que comienzan con un claro ascenso y llevan un mensaje potente de principio a fin.

Dicen que soy un loco y un fanático,
un radical tan raro por seguir a Cristo.
Él conquistó mi corazón, mi castigo Él cargó,
rompió las puertas del infierno y me sacó.

Cuando estás sobre el escenario eres consciente de cómo el estado de ánimo del público cambia como un océano frente a ti. A veces, se acerca con ansias, listo para recibir más de lo que le ofreces. Otras veces, puedes sentir cómo se aleja lentamente a medida que la conexión con ellos se debilita. Por lo general, estos cambios ocurren de manera gradual, verso a verso, coro a coro. Pero hay momentos en los que algo sucede sobre el escenario que impacta a la audiencia tan fuerte y rápido que el cambio es casi instantáneo.

Eso fue lo que pasó cuando le dije al público que quería que conocieran a dos amigos míos de Venezuela e invité a Alice y Alex a subir al escenario.

Desde el momento en que aparecieron —Alice con sus muletas, la pierna derecha del pantalón anudada y colgando en el espacio vacío debajo de ella; Alex con su pesada prótesis de acero reflejando las luces— me pareció como si seis mil ojos se abrieran aún más. Saber que venían de un país colapsado, del que millones de personas huían, y ver sus discapacidades tan claramente a la vista hizo que el público se inclinara hacia adelante. El silencio fue casi absoluto.

—Alice, Alex —dije llevándolos al frente del escenario—. Ustedes saben lo que significa la adversidad. ¿Podrían contarnos qué han aprendido sobre cómo superar un obstáculo? No habíamos planeado nada, más allá de que Alice hablaría primero y contaría su historia, seguida por Alex. Así que, una vez que hice la pregunta, simplemente le pasé el micrófono a Alice y me hice a un lado.

No se tomó tiempo para romper el hielo ni dio demasiados antecedentes o contexto. No lo necesitaba, porque mientras equilibraba el micrófono con sus muletas y se acercaba medio paso más al público, ellos estaban listos para absorber cada palabra que dijera.

Un día, hace algunos años, desperté en una cama de hospital. De alguna manera, supe que llevaba ahí un tiempo, al menos unas horas, quizás incluso un día entero. Nunca había visto esa habitación, pero miré a mi alrededor y vi que mi madre se encontraba ahí. Me estaba mirando. Lloraba y sonreía al mismo tiempo. Había otra mujer en la habitación, una mujer que nunca había visto. No estaba llorando ni sonriendo, sino que se inclinaba sobre mí desde un costado de la cama, mirándome profundamente a los ojos. Supuse que era algún tipo de doctora, porque llevaba una placa con su nombre en la blusa y sostenía una carpeta a un lado. Me dijo que quería hacerme una pregunta y que era muy importante. Sentía la boca seca, así que simplemente asentí.

—Alice —dijo—, ¿cuál es la cosa que más temes perder en tu vida?

Lo supe de inmediato. No tuve que tomarme un momento para pensarlo, a pesar de que la desconocida me aseguró que podía tomarme todo el tiempo que necesitara. Pero hablar me resultaba difícil, porque tenía la boca seca.

—Lo que más temo es perder a alguien de mi familia o no poder volver a bailar —respondí.

La mujer se giró y miró a mi mamá.

—Todavía no le has dicho nada, ¿verdad?

Mi madre negó con la cabeza. Las lágrimas seguían ahí, pero la sonrisa había desaparecido. La mujer se acercó más a mí.

—Alice, hace un mes ibas en una motocicleta con tu hermano. Tuvieron un accidente y has estado aquí desde entonces. Tuvimos que amputarte la pierna derecha. Tu hermano murió en el accidente.

Lo único en lo que podía pensar era en mi hermano.

—¿Por qué no intentaron salvar a mi hermano? ¿Por qué lo dejaron morir? —le grité.

Ella no dijo nada. Pronto, volví a dormirme. Me sedaron por unas horas más.

Alice hizo una pausa y miró a Alex. Supuse que él ya había escuchado esa historia decenas de veces, pero me di cuenta de que en un país como Venezuela, donde todo se desmoronaba, este tipo de oportunidades realmente no existían. ¿Cuántos conciertos se estaban llevando a cabo en un país donde la mayoría de la gente vivía en pobreza extrema?

Después hubo un cambio en la multitud, una especie de sacudida que aumentó la intensidad del momento.

Mi historia no terminó ahí —continuó Alice—, y quiero decirles que Dios es capaz de darnos segundas oportunidades. Quería ser abogada, pero cuando perdí mi pierna supe que no podría pagarme la universidad. Aun así, no me rendí. Me negué a rendirme, porque sabía que había esperanza para mí. Sabía que podía seguir adelante. Solo necesitaba encontrar cómo hacerlo. Y lo encontré. Un día alguien me regaló una bicicleta, y eso fue todo. Tenía algo por lo que vivir y luchar. Algo bueno en mi vida otra vez. Así que esto es lo que quiero decirles. Yo perdí mi pierna, y ustedes también perderán cosas. Algunos de ustedes ya han sufrido. Otros lo harán en el futuro. Pero quiero animarlos: si yo pude superar los obstáculos, ustedes también pueden. Si yo encontré esperanza, ustedes también pueden encontrarla.

Las palabras de Alice provocaron algo en la gente. Muchos jóvenes en América Latina se sienten estancados, como si hubiera un techo de cristal que les impide avanzar. Perciben que hay oportunidades para otros en Estados Unidos y Europa, pero sienten que esas mismas oportunidades simplemente no están disponibles para ellos. Están decepcionados, sin esperanza. Sienten que no tienen un futuro por delante.

Como artista cristiano, hablo y canto mucho sobre la esperanza. Le digo a la gente que puede encontrarla en Jesús. Lo creo con todo mi ser, pero también sé que a veces es difícil de entender. Cuando sientes que te faltan tantas cosas prácticas, ya sea dinero, trabajo, seguridad o un hogar, Jesús puede parecer muy lejano. Escuchar a Alice hablar sobre cómo encontró esperanza a través de algo tangible como el ciclismo, hizo que la gente prestara atención. Y yo sabía que estaba hablando de Jesús. Alice y yo nunca habíamos hablado profundamente sobre la fe, pero sabía que Dios estaba obrando en su vida. Lo sabía sin la menor duda.

El concierto fluyó con naturalidad a partir de aquel momento. Alex habló un poco, contó parte de su historia y explicó cómo Dios restauró lo que él pensaba que había perdido para siempre. Cantamos juntos, tres mil voces al unísono, pidiéndole a Dios que nos sacara de nuestras zonas de confort. Esperamos, escuchamos y le pedimos a Dios que nos sanara y nos guiara. Era un concierto en una iglesia, con ciclistas hablando sobre el dolor y la pérdida. No era fácil de definir, pero Dios le dio vida.

Al final, una larga fila de personas esperaba para hablar con Alice y Alex. Todos con los que hablé estaban asombrados por ellos y querían saber dónde los había encontrado. Les dije la verdad: en Instagram. Pero podía notar que no todos me creían.

Al día siguiente, volvimos a las bicicletas, pero esta vez todo se veía un poco diferente. Alice por fin pudo unirse a nosotros, así que nuestro pelotón ya tenía siete integrantes. Además, las tres camionetas Nissan que nos habían prestado, gracias a un generoso patrocinador que resultó ser un concesionario de autos, estaban completamente rotuladas con el logo y el mensaje de *Ciclo Vida*. Teníamos a Adrián para agradecerle por eso, y fue genial ver cómo se enorgullecía de haber hecho un trabajo tan increíble. La gasolinera con sándwiches rancios ya parecía cosa del pasado.

El desayuno estuvo lleno de emoción. El concierto nos había impulsado y estábamos entusiasmados con el hecho de que en los próximos dos días nuestras bicicletas nos llevarían a lo alto de los Andes. La única preocupación era que Alice y Alex no estaban debidamente equipados para las condiciones que podríamos enfrentar.

Agosto es invierno en Chile, y mis búsquedas en Google me habían dicho que podíamos esperar temperaturas de hasta menos diez grados Celsius (catorce grados Fahrenheit). Cuando el cuerpo está sometido a una presión física extrema a gran altitud y en temperaturas tan bajas, hay un riesgo real: el aire inhalado puede cristalizarse en los pulmones, lo que puede provocar coágulos de sangre potencialmente fatales. No había encontrado mucha información sobre la probabilidad de que eso nos pasara, pero no estaba dispuesto a correr riesgos. Fuimos a una tienda de ciclismo y equipamos a Alice y Alex con ropa de invierno completa, además de guantes térmicos para todos.

Ese día recorrimos sesenta millas, y la experiencia fue completamente diferente a los dos días anteriores. Tener a

Alice con nosotros, manteniendo el ritmo y encajando perfectamente en su lugar dentro del pelotón, cambió por completo la dinámica del recorrido. Había sido genial pedalear con Alex, pero ver a Alice superar tanto con tan poco era verdaderamente inspirador.

Alex tenía dos conjuntos de cuádriceps e isquiotibiales impulsando sus pedales; Alice solo tenía uno. Además, es pequeña, pero pedaleaba como si la gravedad, la fricción y todas las demás fuerzas de la naturaleza tuvieran menos efecto sobre ella.

Salimos de Santiago a media mañana y pasamos gran parte del día pedaleando a través de tierras de cultivo que parecían familiares. Sin embargo, a cuarenta millas, el paisaje cambió. La autopista comenzó a ascender y atravesamos una serie de pueblos que parecían haber sido fundados por inmigrantes alemanes. Colinas ondulantes se extendían a nuestro alrededor y, al frente, los Andes se alzaban imponentes.

Alice comenzó a disminuir un poco la velocidad, pero todo iba bien hasta que escuchamos la sirena de la policía detrás de nosotros.

Un patrullero nos adelantó y se detuvo delante. Dos oficiales bajaron y nos hicieron señas de que querían hablar.

—No pueden andar en bicicleta aquí —dijo uno.

—Está prohibido el ciclismo en la autopista —agregó el otro.

Me quedé confundido.

—¿Están seguros? Hemos pedaleado por esta autopista desde Santiago. Incluso venimos desde Viña del Mar por carretera y nadie nos dijo que no se podía.

Los dos oficiales se mantuvieron firmes, repitiendo lo mismo.

—Entonces, ¿por dónde deberíamos pedalear? Nos estamos quedando en el próximo pueblo. ¿Hay otra carretera que nos lleve allí?

—No. Pero no pueden pedalear aquí.

Nos encontrábamos en un punto muerto. Revisaron nuestros pasaportes, lo que tomó un tiempo, pero no hallaron nada con qué objetarnos. Así que volvieron a su argumento inicial.

—No pueden andar en bicicleta en la autopista —insistió uno de los oficiales.

—No pueden continuar —dijo el otro.

Por último, se fueron; nosotros nos quedamos ahí, revisando mapas y confirmando que esa era la única carretera que nos llevaría a nuestro destino.

—¿Qué hacemos? —preguntó Paul.

Para mí, la respuesta era simple.

—Seguimos pedaleando.

Cuando decidí viajar por América Latina, mucha gente de mi iglesia tenía opiniones sobre mis planes: «¡Te van a secuestrar o a robar!». «¡Odiarán a los estadounidenses y te odiarán a ti!». «Es peligroso. No sabes en qué te estás metiendo».

Nunca me han secuestrado ni robado. En todo el tiempo que he viajado por América Latina, jamás he conocido a alguien que me odie solo por mi pasaporte. Tampoco he encontrado ningún peligro mayor del que he sentido en casa, en Estados Unidos. Pero tenían razón en algo: no sabía en qué me estaba metiendo.

A veces, la ignorancia puede ser una fortaleza. A veces, recorrer la milla extra significa asumir un gran riesgo y confiar en que Dios tiene el control.

Y eso, si lo piensas bien, no es un riesgo en absoluto.

***

Nada podría haberme preparado para la belleza que nos esperaba al día siguiente. Ningún video podría recrearla, ninguna foto podría capturar la inmensidad y el poder de los Andes. Subimos de mil ochocientos veinte a cuatro mil doscientos sesenta metros sobre el nivel del mar, y con cada curva, un nuevo paisaje dramático se desplegaba ante nosotros. Si mis pulmones no hubieran estado ya a punto de estallar, el paisaje me habría dejado sin aliento.

Esa mañana me desperté nervioso. Para mí, las secciones más difíciles de *Ciclo Vida* estaban al principio del recorrido, con la ascensión desde Viña del Mar hasta la cima de los Andes antes de cruzar finalmente a Argentina. Y de los cuatro días de ruta en Chile, este último iba a ser el más duro de todos. Subir dos mil cuatrocientos metros en un solo día era un reto comparable a algunas etapas del *Tour* de Francia, y temía que se hiciera evidente la diferencia de nivel entre los otros ciclistas y yo. En mi mente me veía quedándome atrás, roto por la exigencia de la ruta y retrasando a todos.

Sin embargo, una hora después de haber salido de nuestro hotel en el pueblo de Los Andes, mis nervios comenzaron a calmarse. La subida era brutal y larga. Fue demasiado para

Alice, que finalmente cargó su bicicleta en el vehículo de apoyo y se saltó el ascenso. De algún modo, logré mantener el ritmo con los otros seis. No intentaba ir al frente del pelotón y tampoco podía hablar, pero al menos no me estaba quedando atrás.

No obstante, fueron las vistas más que el alivio las que calmaron mis nervios y serenaron mi alma. Con cada curva, había algo nuevo que me dejaba asombrado: barrancos afilados cayendo a los lados, montañas que se elevaban aún más alto, panorámicas épicas que se extendían hasta donde alcanzaba la vista. Apenas podía echar vistazos fugaces aquí y allá antes de volver a concentrarme en mantener la distancia de unos siete centímetros con el ciclista que estaba delante de mí. Incluso cuando no miraba, podía sentir la inmensidad del paisaje a mi alrededor. Había gigantes observándome, mirando hacia abajo mientras yo avanzaba lentamente por su suelo.

En esos momentos, cuando mis pulmones y mis piernas me rogaban que me detuviera, pero todo a mi alrededor me llamaba a seguir adelante, me perdía completamente en la naturaleza. Quedaba reducido a nada frente a la inmensidad del mundo que Dios había creado. Y no solo estaba bien, sino que era exactamente como debía ser.

Cuanto más subíamos, más nieve y chalés de esquí aparecían en el paisaje, aunque no todo era como sacado de una postal. Compartíamos la carretera con todos los vehículos que iban de Santiago a Argentina, lo que significaba que en más de una ocasión nuestro pequeño pelotón tuvo que pedalear al lado de enormes camiones de dieciocho ruedas. Hubo demasiados momentos en los que realmente temí que fuéramos a ser aplastados.

Si el tráfico fue peor de lo esperado, el clima resultó mucho mejor de lo que temíamos. Hacía frío, lo suficiente como para que necesitáramos la ropa térmica cuando nos deteníamos, pero a diez grados Celsius (cincuenta grados Fahrenheit) la temperatura era casi perfecta para pedalear.

Alrededor de las cuatro de la tarde, tras seis horas de ascenso brutal, doblamos una curva y sentimos que la carretera empezaba a nivelarse. Más adelante, el tráfico comenzaba a amontonarse; finalmente habíamos llegado a la frontera con Argentina. Cruzar de un lado a otro de Chile era el primer gran hito de *Ciclo Vida*. Solo nos quedaban cinco millas cuesta abajo en territorio argentino antes de terminar la jornada, y hacerlo en tan buen tiempo en un día tan difícil se sentía significativo.

Estábamos emocionados, deteniéndonos para tomar fotos y asegurándonos de que los camarógrafos capturaran el momento. Pero los dos guardias fronterizos argentinos que nos apartaron a un lado de la carretera no tenían el mismo ánimo de celebración. Nos observaron con el rostro impasible mientras nos acercábamos con nuestras bicicletas y entregábamos los pasaportes al guardia más joven. Era prácticamente un niño y se veía nervioso mientras revisaba cada página con cuidado, lanzando miradas constantes a su superior.

—¡Eh! —irrumpió de repente el guardia mayor y caminó con paso firme hacia uno de los camarógrafos que intentaba grabar tomas de apoyo.

—¡Detén eso! ¡Nada de grabaciones! ¡Dame la cámara!

Nos tomó mucho esfuerzo, disculpas y palabras tranquilas lograr que retrocediera y nos permitiera conservar la cámara; no obstante, se aseguró de que el camarógrafo borrara todas las grabaciones del día. Fue un golpe duro, especialmente al saber que habíamos recorrido algunos de los paisajes más épicos que se puedan imaginar. Y no solo lo habíamos perdido todo, sino que también enfrentábamos un problema inmediato: el guardia mayor había decidido hacer que nuestro cruce de frontera fuera lo más lento y complicado posible.

Comenzó metiendo la cabeza en la parte trasera de uno de nuestros vehículos. Señaló un par de maletas y nos indicó que las abriéramos. No había nada sospechoso, solo lo normal de un equipo de grabación. Sin embargo, todo era costoso y de alta tecnología. Me puse tenso.

—¿Por qué tienen tanto equipo? —preguntó.

—Recorremos Sudamérica en bicicleta con fines benéficos —respondí—. Estamos filmando el trayecto para recaudar más fondos.

El oficial no reaccionó. No hubo un encogimiento de hombros ni una sonrisa ni un gesto de aprobación. Simplemente señaló otras maletas y ordenó que también se abrieran. Cuando terminó, merodeó alrededor de los vehículos y miraba como si estuviera seguro de que había algo sospechoso.

El guardia joven seguía haciendo un minucioso examen de nuestros pasaportes cuando el guardia mayor se acercó a nosotros, los ciclistas. Llevábamos más de treinta minutos esperando. El frío comenzaba a calar.

—Números de serie —dijo señalando las bicicletas—. Necesito ver el número de serie de cada una.

Estuve a punto de preguntarle por qué, pero me detuve. Buscaba una excusa para hacernos la vida imposible, y tenía la sospecha de que cualquier signo de impaciencia o falta de respeto sería suficiente. Así que soportamos otros treinta minutos mientras revisábamos y mostrábamos los números de serie de cada bicicleta, y él los anotaba lentamente. Era desesperante tener que esperar así, sobre todo porque solo nos quedaban veinte minutos de pedaleo. La luz del día comenzaba a desvanecerse y la tensión entre nosotros aumentaba. Después de un día marcado por la inmensidad de la naturaleza, donde nos habíamos sentido insignificantes ante la majestuosidad de los Andes, no quedamos atascados, a merced de un hombre pequeño que disfrutaba demasiado de su poder.

Cuando ambos guardias terminaron su inspección, desaparecieron en su oficina. Nos dejaron allí, varados. No había nada más que hacer que esperar, viendo cómo la última hora de luz se escurría del cielo.

Finalmente, noventa minutos después de nuestra llegada, el guardia mayor salió de la oficina.

—Tenemos un problema con los vehículos.

Estaba seguro de que se equivocaba. Los tres Nissan nos los había prestado un generoso patrocinador en Viña del Mar. Eran prácticamente nuevos, con pocas millas en el odómetro. Claramente, no había ningún problema con ellos.

—Están matriculados en Chile, pero solo tienen dos conductores chilenos en el grupo.

Tenía razón en eso, pero no entendía qué problema representaba. Después de una hora y media de inmovilidad y de ver nuestro tiempo de pedaleo desvanecerse, estaba tenso.

Respiré hondo. Intenté calmarme.

—No entiendo. ¿Eso es un problema, señor?

—No pueden traer varios vehículos con una sola licencia. Solo un auto por conductor, y cada auto debe ser conducido por alguien del país en el que está registrado. Es la ley.

Consulté con el equipo. Nadie había escuchado jamás una ley así. Incluso el guardia joven parecía confundido. Abandoné la respiración profunda y la voz calmada.

—Eso no es una ley. ¿Dónde dice eso?

Se encogió de hombros. No tenía ninguna prueba y no le importaba en absoluto. Estábamos jugando cartas, y él era la casa. Y la casa siempre gana.

—Solo pueden traer dos vehículos a Argentina.

—¿Y qué hacemos con el tercero? No podemos dejarlo aquí.

Otro encogimiento de hombros. No era su problema.

—Entonces —dijo mirándonos fijamente—, ¿cuál vehículo van a dejar?

Dos horas después de haber llegado a la frontera, finalmente nos dejaron pasar. Nos tomó otros treinta minutos redistribuir el equipo del vehículo menos cargado y repartir su contenido entre los otros dos. Cuando al fin nos dieron luz verde para avanzar, la temperatura había caído en picada y la oscuridad nos envolvía.

Lo bueno: el tráfico había desaparecido y teníamos la carretera para nosotros. Lo malo: nadie llevaba luces. Solo contábamos con algunas GoPro en las bicicletas, que apenas iluminaban un pequeño círculo de luz.

—Entonces, ¿cómo hacemos esto? —pregunté cuando cruzamos la frontera y nos detuvimos a evaluar nuestras opciones.

No había nada que debatir. No había buenas opciones. Lo único que podíamos hacer era lanzarnos a la oscuridad y confiar en que llegaríamos enteros al final del camino.

Lo que hicimos fue una locura. Pero resultó divertido. Nos pusimos en marcha con los vehículos detrás de nosotros, ambos con las luces altas encendidas. Iluminaban bien el camino, pero eran impotentes ante la inmensa oscuridad que se extendía más allá del borde de la carretera. Era como tener una linterna de cuerda en medio de un bosque por la noche: la luz solo hacía que la oscuridad pareciera aún más profunda.

En lugar de rodar como un pelotón, manteníamos unos cuantos metros de distancia entre nosotros. Paul iba al frente gritando advertencias constantes sobre lo que venía:

—¡Escombros a la izquierda!

—¡Cuidado con la curva!

Volábamos. La adrenalina estaba por las nubes, más alta de lo que jamás había experimentado. Era un niño otra vez, pedaleando salvajemente, libre, sin la menor preocupación por el peligro.

¿Cómo llegué aquí? ¿Cómo terminé descendiendo en la oscuridad por una montaña sin barandillas de seguridad y con un abismo insondable a mi lado? Un solo error, una curva mal tomada, y cualquiera de nosotros podría salir despedido hacia el vacío, engullido por el barranco que nos esperaba en la sombra. Nunca había sentido la muerte tan cerca. Estaba nervioso, completamente fuera de mi zona de confort, pero al mismo tiempo emocionado y más vivo que nunca.

En México hay un dicho que encaja perfectamente en situaciones como esta: cuando enfrentas un problema que parece imposible de resolver y de alguna manera encuentras la solución, se llama «mexicanada». En Argentina tienen su propia versión: «argentinada». En Estados Unidos, lo más parecido que tenemos es «hacer un MacGyver».

En casa, en Estados Unidos, jugamos a lo seguro. Hay muchas cosas buenas en eso, y gracias a nuestros estrictos códigos de seguridad se evitan mucho dolor y sufrimiento. Pero a veces, esa mentalidad de «seguridad ante todo» nos vuelve temerosos de arriesgar. Nos hace perder las mejores experiencias y nos impide descubrir de lo que realmente somos capaces.

Cubrimos esas cinco millas en quince minutos, no en veinte. Llegamos al hotel sintiéndonos invencibles. Toda la tensión del cruce fronterizo desapareció de golpe. Habíamos hecho una «argentinada» y se sintió increíble.

Algunos desafíos en la vida son como montañas: podemos verlos desde lejos, anticiparlos y prepararnos. Pero no todos los obstáculos serán tan visibles o predecibles. No siempre podremos hacer un plan. Determinados problemas aparecerán de la nada. Unos serán injustos, crueles y sin razón aparente. Otros nos lastimarán profundamente. Unos cuantos nos llenarán de rabia, frustración y ganas de culpar a alguien o hundirnos en la autocompasión. Pero hay mejores maneras de responder.

Uno de los héroes de la Biblia es Moisés. Él fue quien ayudó a rescatar a toda una nación de la esclavitud, por lo que sabía perfectamente lo que era enfrentarse a desafíos gigantescos y obstáculos inesperados. Liberar a los israelitas de Egipto fue un reto colosal, el tipo de misión imposible que nadie había logrado antes. Desde el momento en que Dios lo desafió frente a la zarza ardiente hasta el día en que Faraón finalmente aceptó dejarlos ir, esa misión debió haber ocupado gran parte de sus pensamientos. Moisés nos dejó un gran modelo para seguir cuando la vida nos lanza problemas inesperados. Se preparó bien para el desafío que podía prever, asegurándose de que el pueblo estuviera listo para el éxodo y dando instrucciones detalladas sobre lo que debían llevar en el camino. Entonces, justo cuando probablemente creían que por fin eran libres, surgió un problema inesperado: Faraón cambió de opinión y salió en su búsqueda para recuperar a sus esclavos.

Muchos israelitas entraron en pánico. El miedo los envolvió como una niebla. Pero no a Moisés. Él no se desesperó ni se paralizó. Tampoco asumió que el problema era una señal de que el plan de Dios había fallado. ¿Por qué? Porque se aferró a las palabras que Dios le había dicho desde el principio, cuando estaba frente a la zarza ardiente: «Yo estaré contigo» (Éx 3:12).

Esas tres palabras transformaron a Moisés de un príncipe privilegiado y tímido, que huyó para salvar su propia vida, en un líder valiente. Las mismas se convirtieron en la base de una confianza inquebrantable que le permitió enfrentarse a todo un ejército. Saber, recordar y creer esas tres palabras garantizaron su firme permanencia a orillas del mar Rojo mientras la muerte parecía inevitable y se acercaba a toda velocidad desde atrás. Aferrarse a la promesa le permitió a Moisés confiar en que Dios seguía teniendo el control y que aún estaba guiando a su pueblo hacia la libertad.

Nuestra reacción ante los desafíos, los que podemos prever y los que nos toman por sorpresa, depende de qué tan clara tengamos nuestra misión. Si sabemos que estamos alineados con el propósito que Dios nos dio, podemos resistir. Si sabemos que estamos donde Él nos llamó a estar, podemos mantenernos firmes. Si sabemos en lo más profundo que Dios está con nosotros, cualquier obstáculo que enfrentemos se verá en su contexto.

«Yo estaré contigo...».

Dios no le habló solo a Moisés. También nos habla a nosotros. Y esas palabras son más necesarias que nunca cuando decidimos recorrer la milla extra.

Capítulo 7

El accidente

TODOS LOS DEMÁS estaban ocupados desayunando, pero Alex permanecía quieto. Sostuvo el teléfono en sus manos, luego me miró y frunció el ceño.

—¿Por qué?

Era la segunda vez que hacía la pregunta, y yo repetí mi respuesta.

—Porque no tienes uno y este es un teléfono de repuesto. Como equipo, queremos dártelo. Es un buen teléfono y te gustará mucho más que tu viejo Nokia. Puedes usarlo para escuchar música durante el viaje, tomar fotos y hacer videollamadas con tu familia en casa.

Los ojos de Alex volvieron al teléfono. Lo observó por un momento y me pregunté si estaba tratando de averiguar cómo encenderlo. Pero entonces, algo cambió. Levantó la vista, sonrió y alzó el teléfono por encima de su cabeza, como si estuviera en los Premios de la Academia y acabara de ganar su primer Óscar.

—¡Guau! Nunca pensé que tendría un iPhone. ¡Nunca! Y mira esto... ¡Gracias! ¡Es increíble!

Estuvo saltando de emoción por un rato, luego se detuvo.

—¿Por qué...? —dijo de nuevo, buscando las palabras adecuadas, como si tratara de desatar un nudo muy apretado—. ¿Por qué nos invitaste a este viaje?

—Encontré a Alice en Instagram y me encantó su historia. Sentí lo mismo cuando escuché la tuya.

—Pero ¿por qué estás haciendo todo esto por nosotros?

Finalmente lo entendí.

—Creo que Dios tiene un plan más grande para ti, Alex. Creo que hay un propósito mayor en que estés aquí. Y creo que este teléfono es solo un pequeño símbolo del amor de Dios por ti. Dios quiere cosas buenas para ti y proveerá para ti. Él tiene un propósito y un plan para tu vida, Alex. Esa es la razón por la que Jesús vino a la tierra: porque Dios es un buen Padre que te ama.

Alex estaba llorando. Pasó un rato antes de que pudiera hablar. Cuando lo hizo, fue mi turno de llorar.

—Mi papá se fue cuando yo tenía tres años. Tiene diecisiete hijos con varias mujeres. Nunca me ha dado nada, y nadie me había dado algo así.

Aquel teléfono era viejo. Funcionaba bien, pero era antiguo y prácticamente sin valor. Sin embargo, como regalo para Alex, tenía un valor inmenso. En las manos de Dios, un objeto cotidiano que fácilmente podríamos haber pasado por alto se convirtió en una herramienta para que Alex comprendiera mejor el amor de Dios.

Dios obra exactamente de ese modo, y no deberíamos sorprendernos por ello. Después de todo, si lees en la Biblia Mateo 14, encontrarás uno de los milagros más asombrosos de Jesús. Tomó dos peces y cinco panes pequeños y los transformó en suficiente comida para alimentar a cinco mil personas. Es un recordatorio perfecto de cómo Dios provee para nosotros.

Comprometerse a ir la milla extra significa tratar de estar atentos a los momentos en que el Espíritu de Dios nos mueve a actuar. A veces, ese impulso puede parecernos algo pequeño; otras veces, será algo más grande. Nuestra tarea no es ignorar esos llamados ni actuar solo en los momentos importantes. Nuestra tarea es escuchar y obedecer, ser las manos y los pies de Dios. Él se encargará del resto.

Salimos esa mañana y pronto comenzamos a descender a toda velocidad. Alice y Alex atacaban la bajada como profesionales, agachándose para minimizar la resistencia del viento, tomando las curvas con el ángulo perfecto y sin mostrar el menor signo de nerviosismo. Yo, en cambio, me aferraba al manubrio con todas mis fuerzas. Según mi GPS, alcanzábamos hasta cuarenta millas por hora en algunos tramos, y cada momento era un recordatorio de que un pequeño error podía traer consecuencias graves. Entre las curvas cerradas, los barrancos empinados y el asfalto en condiciones no del todo ideales, resultaba bastante aterrador. Mucho más fácil que la agotadora subida del día anterior, pero aterrador de todos modos.

Después de una hora, la pendiente se suavizó un poco y finalmente pude disfrutar del recorrido. Estábamos rodeados de hermosas colinas onduladas que me recordaban a Wyoming, y sentí que no había nada en el camino que no pudiéramos superar. Cuando la carretera se volvió plana y retomamos el pelotón, nos sentíamos invencibles. Nuestra velocidad en llano era veintidós millas por hora, y aunque me estaba esforzando al máximo de mi capacidad física y luchaba por mantener el ritmo, fue un día espectacular de ciclismo. Así que cuando alcanzamos la distancia planificada y vimos que aún quedaba bastante luz del día, decidimos seguir adelante.

Estábamos eufóricos cuando dimos por terminada la jornada. Habíamos recorrido setenta millas en tres horas, descendido más de dos mil cuatrocientos metros, y ni siquiera habíamos tenido un pinchazo. Nos sentíamos imparables. Desde ese momento, estaba convencido de que el resto del viaje sería un paseo sin mayores problemas.

Esa noche tuve fiebre. Mientras el resto del equipo salía a la oscuridad para maravillarse con la visión de la Vía Láctea extendiéndose sobre ellos, yo estaba acurrucado en posición fetal en la estrecha cama de mi hotel, esperando que lo que tuviera fuera solo algo pasajero.

Al día siguiente estaba mejor. No perfecto, pero lo suficientemente bien como para subirme a la bicicleta y pedalear. Solo que en lugar de deslizarnos suavemente por las

colinas onduladas como el día anterior, esa mañana apenas
lográbamos alcanzar la mitad de la velocidad.

No era por enfermedad. Era el viento. El día anterior las
condiciones habían sido perfectas. Sin embargo, en esta ocasión estábamos atrapados en un viento cruzado feroz que
nos azotaba constantemente. Nunca había experimentado
algo así.

Una vez superados los Andes, nuestro objetivo era mantener una velocidad constante de veinte millas por hora hasta
llegar a Buenos Aires. Lo habíamos logrado sin problemas
el día anterior, pero con este nuevo viento golpeándonos de
costado íbamos tan lento como a nueve millas por hora. Con
ochenta millas planificadas para el día, era evidente que ter-
minaríamos pedaleando en la oscuridad nuevamente. Ya
lo habíamos hecho una vez, pero no me gustaba la idea de
repetirlo. Además, luchar contra el viento era agotador. Si
teníamos que mantener ese nivel de esfuerzo durante diez
horas, seguramente afectaría nuestro rendimiento en los
días siguientes.

El viento era impredecible, y la carretera giraba y cambiaba de dirección constantemente. Cualquier ángulo desde el
que soplara representaba un problema. Cuando nos golpeaba
de costado, cada ráfaga intentaba empujarnos al centro del
camino, justo en la trayectoria de cualquier camión de dieciocho ruedas que pudiera estar pasando. Cuando nos azotaba
de frente, pedalear era aún más difícil y nuestra velocidad
se reducía todavía más. Lo peor de todo: nunca soplaba a
nuestro favor.

Todos estábamos luchando contra el viento, especialmente
Alice. Era una profesional, pero velocista, no una ciclista de

resistencia. Todo su entrenamiento y sus competencias se desarrollaban en velódromos, donde el viento no era un factor y las carreras duraban minutos, no horas. Sin embargo, a pesar de estar en un entorno totalmente desconocido, era valiente, decidida y se negaba a rendirse. Pedaleaba al final del pelotón, con la agonía reflejada en su rostro.

Después de unas horas, llegamos a una subida a treinta millas de Mendoza, nuestro destino del día. La pendiente no era pronunciada, pero con el viento golpeándonos de frente, cualquier inclinación era un problema. Para Alice era demasiado. Necesitaba ayuda, así que Nathan, Paul y Pablo se turnaron para pedalear junto a ella, apoyando una mano en su espalda y dándole un poco de impulso. Ya lo habían intentado antes en la subida en Chile y había funcionado bastante bien. Todos estuvieron de acuerdo en que yo no debía intentar ayudar, ya que cada vez que giro la cabeza mientras pedaleo termino desviándome hacia un lado.

Los tres chicos se turnaban para empujar a Alice, cada uno pedaleando junto a ella por unos minutos a la vez. Seguíamos rodando en un pelotón suelto, pero nadie intentaba mantener una separación de siete centímetros con el ciclista de adelante. Con un viento tan impredecible, necesitábamos mantener distancia.

Yo iba al final, un poco adelante del único vehículo que permanecía con nosotros transportando el equipo de video y los elementos esenciales para las bicicletas. Nathan iba al frente, seguido de Essence, Alex y Pablo. Luego venía Paul, pedaleando con una mano junto a Alice. Había menos de treinta centímetros de distancia entre ellos, y por primera vez en el día avanzábamos a un ritmo aceptable.

El viento se calmó por un brevísimo instante. Durante un par de segundos, nada intentó empujarnos fuera de la carretera. Pero no era algo permanente. Fue una finta de boxeador, un movimiento diseñado para tomar al oponente con la guardia baja. Y, como un luchador buscando un nocaut, el viento regresó con más fuerza que nunca.

Vi cómo todo el cuerpo de Alice se estremecía bajo la fuerza del viento. De alguna manera, logró mantener el equilibrio, pero su rueda delantera tambaleó y su manubrio se giró bruscamente tocando el de Paul.

Sus ruedas delanteras chocaron, luego se trabaron y se detuvieron en seco. Íbamos a veintiún millas por hora, así que toda esa energía y movimiento no podían simplemente desaparecer. Tenían que ir a algún lado. Vi cómo ambas ruedas traseras se levantaban enviándolos como a dos metros por el aire. Por un instante, parecían estar volando. Luego, la gravedad hizo su trabajo.

Me aparté bruscamente del camino y solté los pies de los pedales. Giré y corrí hacia ellos.

Alice y Paul estaban tendidos de lado, inmóviles. Parecía como si simplemente se hubieran cansado y se hubieran acostado a dormir.

—¡Alice! —grité—. ¡Paul!

Todos los demás se habían detenido. Pablo hacía señales al tráfico, advirtiendo a los autos que pasaran con cuidado. Essence y Nathan estaban junto a Paul. Recuerdo haber sentido un gran alivio al ver que Nathan estaba con nosotros, considerando que era estudiante de medicina. El equipo de video se había detenido y corría hacia el montón de cuerpos y bicicletas. Alex estaba con Alice, inclinado sobre ella, diciéndole algo que no alcanzaba a escuchar, repitiéndolo una y otra vez. Le besaba las mejillas.

Saqué mi teléfono para ver si podía comunicarme con Lindy. No había espacio para ella en los dos vehículos esa mañana, así que mientras uno de ellos se había quedado con nosotros, ella había esperado en el hotel hasta que la segunda camioneta regresara a recogerla tras dejarnos. No tenía idea de dónde estaba ahora ni cuánto tardaría en llegar hasta nosotros. Y mi celular no tenía señal, así que no había manera de averiguarlo.

Fui a revisar a Alice primero. Estaba despierta, murmurando en voz baja.

—Alice —llamé, agachándome a su lado—. ¿Estás bien?

No se movió mucho, pero me pareció que asintió.

—¿Alice? ¿Estás bien?

Gimió de nuevo. Luego otra vez. El dolor aumentaba.

—Tranquila, Alice. Voy a buscar ayuda.

Miré hacia Nathan. Estaba inclinado, revisando el costado de Paul. Essence miraba fijamente la cabeza de Paul. A mí también me parecía extraña, pero no entendía por qué.

—¡Paul está sangrando! —gritó Essence.

—¡No le quiten el casco! —dijo Nathan. Su voz era firme, pero le costaba mantenerla así.

Corrí hacia Paul. Estaba acostado de lado. Su camiseta estaba rasgada desde la parte superior hasta abajo. Sangre, tela y piel estaban mezcladas.

—¿Dónde está sangrando? —pregunté.

Nathan señaló su cabeza. Me acerqué y vi un rastro de sangre tan grueso como mi pulgar. Miré más de cerca. Fue entonces cuando entendí qué estaba mal con su cabeza. Su casco seguía puesto de alguna manera, pero estaba roto y doblado, como si lo hubiera aplastado un camión de dieciocho ruedas.

Desde el momento del choque había sentido una descarga de adrenalina, pero ahora se transformó en algo más. Miedo puro.

—¡Paul! —dijo Nathan, con un tono tenso pero controlado—. Paul, ¿puedes escucharnos?

Un rugido de motor llenó mi cabeza cuando un camión pasó lentamente junto a nosotros. Paul seguía ahí. Sin moverse.

Ahora sí empecé a entrar en pánico. Pensé que Paul estaba muerto. No podía apartar la vista de su casco. Debió haber caído directamente sobre él, con todo su peso, más o menos los noventa y nueve kilogramos de su cuerpo. ¿Cómo podía alguien sobrevivir a un impacto así?

Empecé a llorar.

¿Había matado a mi mejor amigo por invitarlo a este viaje? ¿Qué le diría a su madre? ¿Cómo podría explicar algo así? ¿Quién rayos me creía para llevar a toda esta gente a recorrer carreteras llenas de peligros? ¿Por qué no hicimos un viaje normal, seguro, en un autobús?

Sentí que me desmoronaba por dentro.

—¡Paul! —exclamó Nathan con una voz que sonaba diferente. Paul comenzaba a reaccionar—. Eso es, amigo. Quédate con nosotros.

Durante los minutos siguientes, mientras Nathan lo examinaba con cuidado, Paul fue recuperando la conciencia poco a poco. Cuando Nathan terminó, Paul se incorporó hasta quedar sentado. No lo podía creer.

—¿Estás bien? —pregunté agachándome frente a él mientras Nathan iba a revisar a Alice.

—¿Qué pasó? —preguntó Paul.

—¡Uff, *man*! El viento debió sorprenderlos a ti y a Alice, porque se bloquearon y salieron volando. Parece que caíste de cabeza.

—Sí... —Paul asintió con la mirada fija en un punto distante—. ¿Qué pasó?

—Te caíste, Paul. ¿Estás bien?

Asintió de nuevo y me miró. Sus ojos estaban vacíos. La sangre corría por su rostro.

—¿Qué pasó?

Forcé una sonrisa para tratar de ocultar el miedo.

—Tranquilo, amigo. Todo va a estar bien.

Nos quedamos así por varios minutos. Nathan intentaba convencer a Alex de que le diera espacio a Alice, pero era una lucha constante. Alex lloraba desconsolado y lo único que quería era abrazarla.

Finalmente, Nathan se sentó.

—Creo que pueden moverse —dijo—, pero necesitan ir a un hospital.

Mis peores temores empezaron a disiparse, aunque solo un poco. Durante todo el tiempo que estuvimos sentados allí, Paul seguía preguntando lo mismo una y otra vez: «¿Qué pasó?». Empecé a preocuparme por un posible daño cerebral. Y cuando Alice se puso de pie, empezó a quejarse de un dolor intenso en la cadera. Además, ambos tenían heridas profundas que sin duda requerirían puntos de sutura.

Revisé mi teléfono otra vez. Seguía sin señal. No teníamos forma de saber cuándo pasaría el otro vehículo con Lindy a bordo, así que la única opción era despejar nuestro vehículo de su equipo de cámaras y llevar a Alice y a Paul nosotros mismos hasta el hospital más cercano en Mendoza, a treinta millas de distancia.

Diez minutos después, Nathan y Adrián partieron con Alice y Paul. El resto de nosotros nos quedamos al costado de la carretera, listos para esperar el tiempo que hiciera falta hasta que Lindy y el otro vehículo pasaran. A nuestro alrededor estaban todas nuestras bicicletas, mochilas y cajas con equipo de grabación, al menos diez mil dólares en equipo. Sabía que llamábamos la atención y que parecíamos fuera de lugar, pero en ese momento me daba igual. Estaba demasiado absorto en mis propios pensamientos.

Me perdí en mis sentimientos mientras me sentaba al borde del camino aquel día. Mi mente vagaba hacia lo que podría estar ocurriendo en el hospital. ¿Descubrirían una hemorragia interna? ¿Sería la pérdida de memoria y la confusión de Paul una señal de daño cerebral? ¿Y si nunca volvían a montar en bicicleta?

Ningún paseo en bicicleta valía el riesgo de un desenlace así. Ninguna recaudación de fondos que buscara mejorar vidas podía considerarse un éxito si las mismas personas que realizaban el viaje y recaudaban el dinero terminaban con sus propias vidas destrozadas en el proceso.

—¿Evan?

Levanté la vista y vi a Alex de pie frente a mí. Ya no lloraba, pero sus ojos estaban rojos e hinchados. Sostenía el teléfono que le habíamos dado el día anterior.

—No puedo comunicarme con ella.

—Yo tampoco. No hay señal aquí.

Alex se sentó a mi lado. Las lágrimas comenzaron de nuevo.

—Estaba aterrado. Pensé que estaba muerta. Pensé que la había perdido.

Todo lo que se me ocurría decir sonaba tonto en mi cabeza, así que nos quedamos en silencio por un rato. Me permití pensar en Alice y Alex. Era un alivio dejar de pensar, al menos por un momento, en todas las posibles tragedias que podrían estarse desarrollando en el hospital.

Cuando Alice me preguntó si podía traer a Alex al viaje, lo presentó como su compañero de ciclismo, y asumí que eso era todo: alguien con quien entrenaba, nada más. Pero en cuanto los conocí en el aeropuerto, quedó claro que había algo más entre ellos. Su manera de interactuar iba más allá de lo deportivo. Alex era protector con ella, siempre asegurándose de que estuviera bien, y cuando no estaba cerca, Alice solía buscarlo con la mirada. Al principio, no pensé necesariamente que fuera una relación romántica, pero después del accidente, no me quedaba ninguna duda. Alex estaba devastado ante la posibilidad de que le pasara algo a Alice. La necesitaba tanto como ella a él. En cierto sentido, esto no cambiaba nada sobre el viaje, pero en el fondo sabía que si Alice resultaba herida de una forma que complicara aún más su ya difícil vida, eso afectaría a Alex tanto como a ella.

¿Realmente valía la pena asumir ese riesgo por un paseo en bicicleta?

Era casi mediodía y el sol nos golpeaba de lleno. El calor comenzaba a apretar y tratábamos de refugiarnos bajo nuestras chaquetas. Empecé a preguntarme si tendríamos problemas con el agua.

El sonido de una camioneta acercándose me hizo mirar hacia arriba. Esperaba que fuera Lindy, pero en lugar de la Nissan nueva con el logo de *Ciclo Vida*, era la policía. Se detuvo junto a nosotros y un oficial bajó queriendo saber qué estaba pasando.

Le explicamos sobre el viaje, el accidente y cómo Alice y Paul estaban en camino al hospital mientras nosotros esperábamos a que pasara nuestro otro vehículo. Estaba a punto de preguntarle si tenía un teléfono con señal cuando me interrumpió.

—Estos amigos suyos... ¿cuáles son los números de sus pasaportes?

—No los sé —respondí tratando de controlar la frustración mientras mi mente intentaba pensar en español con claridad—. Pero llevan sus pasaportes con ellos.

—¿Y los suyos? Necesito verlos.

Quise preguntarle en qué ayudaría eso a alguien, pero me contuve y les pedí a todos que mostraran sus documentos.

Cuando terminó de revisarlos, el oficial se dio la vuelta y comenzó a caminar de regreso a su camioneta.

—Oiga —lo llamé, sorprendido de que todo hubiera terminado tan rápido—. ¿Nos puede llevar a Mendoza? Así podríamos salir de la carretera y ver cómo están nuestros amigos.

Frunció el ceño.

—No. No puedo.

—Pero la parte trasera de su camión está vacía. Podría llevar todas nuestras cosas sin problema. Son solo treinta millas.

—Mendoza está fuera de mi jurisdicción. Puedo llevarlos diez millas, no más.

Nos miramos entre nosotros, intercambiamos algunas expresiones y luego le dimos las gracias con cortesía. Cargamos todo en la parte trasera de la caminoneta y nos adelantó diez millas en la carretera.

Era frustrante seguir esperando, pero al menos ahora teníamos señal. Nathan fue mi primera llamada.

—¿Alguna noticia?

—Todavía no. Acabamos de llegar y están esperando a ser atendidos.

Creí notar un leve cambio en su voz, pero no estaba seguro. Justo estaba llamando a Lindy cuando vi aparecer la otra camioneta Nissan con ella dentro.

—¿Oíste sobre el accidente? —pregunté mientras se detenía al costado de la carretera y el resto del equipo cargaba todo en la parte trasera, excepto las bicicletas.

—Sí. Vamos ahora. ¿Estás bien?

—Todo bien.

Lindy aceleró dejando atrás a Pablo, Essence, Alex y a mí, obligándonos a subir de nuevo a nuestras bicicletas y pedalear tras ella.

Fue brutal. En parte porque habíamos parado, en parte porque el viento seguía atacándonos, pero la razón principal por la que esas últimas veinte millas fueron tan difíciles era que, en ese momento, estar en una bicicleta era lo último que quería. Se sentía lento, torpe, arriesgado y, simplemente, molesto. Lo único que deseaba era estar en Mendoza, haciendo todo lo posible para asegurarme de que Alice y Paul estuvieran bien.

Por supuesto, no había nada que pudiera hacer. Nada más que bajar la cabeza y seguir pedaleando.

Tan pronto como llegamos al hotel, volvió la espera. Me di una ducha y luego pasé horas caminando de un lado a otro. Fue una tortura, y lo único que lo hizo soportable fue el hecho de que los demás estaban allí también. Podíamos centrar nuestros esfuerzos en asegurarnos de que Alex estuviera bien.

Ya estaba oscuro afuera cuando recibí un mensaje de Lindy diciendo que estaban a punto de salir del hospital. Le respondí de inmediato.

—*¿Todos?*

—*Todos* —respondió—. *A & P están siendo dados de alta ahora.*

El alivio fue tan dulce como cualquier otro que hubiera sentido antes.

Paul aún se veía un poco inestable cuando entró al hotel, pero su sonrisa me confirmó que todo estaba bien. Nos contó sobre sus heridas, incluidos los veinte puntos en la herida de siete centímetros en la parte posterior de su cabeza, y todos estuvimos de acuerdo en lo afortunado que había sido.

—Vi todo el accidente —dije—. Siento mucho no haber podido advertirte para que te hicieras a un lado.

Me miró como si el conmocionado fuera yo.

—No es culpa de nadie, Evan. Son cosas que pasan en los viajes.

Agradecí sus palabras, pero aún me sentía inquieto. Una parte de mí estaba desesperada por saber qué significaba su conmoción para su participación en el viaje. ¿Se había terminado para él o podría continuar? Egoístamente, odiaba la idea de que tuviera que retirarse. Paul no solo tenía el conjunto de cuádriceps, glúteos e isquiotibiales más fuerte de todos nosotros, también era el verdadero líder del viaje. Tal vez era porque ya había completado antes un épico recorrido de costa a costa por una causa benéfica, pero para mí, Paul era quien lograba que todos dieran lo mejor de sí y pedalearan con más fuerza. Cuando el viento era fuerte o la inclinación empinada, era su voz, no la mía, la que motivaba al equipo. Perderlo para el resto del viaje nos afectaría gravemente.

Estuve tentado a tocar el tema con él, pero estaba agotado y necesitaba descansar.

También fui a ver a Alice. Estaba igual de tranquila con el accidente que Paul.

—Si les pasa a los profesionales —dijo con una sonrisa—, ¡nos pasará a nosotros!

Me impresionó muchísimo. Esa no era la respuesta que yo habría tenido, pero Alice era la definición misma de la fortaleza.

Nos sentamos a conversar por un rato. A medida que las risas llenaban la habitación, era como si el accidente nunca hubiera ocurrido. Después de haber pasado cada hora desde el choque sintiendo arrepentimiento y remordimiento por el viaje, fue extraño sentir cómo mi amor por él regresaba.

Solo cuando hablé con Lindy más tarde esa noche me di cuenta de que el viaje no iba a ser el mismo.

—Cuando llegué al hospital, los acababan de revisar —me explicó—. Quería asegurarme de que no se les pasara nada, así que les dije que era doctora en traumatología y pedí revisar las radiografías y tomografías.

—¿Estaban de acuerdo con eso?

Sonrió. Lindy no es de las que se preocupan demasiado por esos detalles.

—Las tomografías de Paul mostraban contusiones, pero nada más. Alice...

—¿Qué?

—Ella les dijo que le dolía al moverse y que no se sentía bien. Le dijeron que estaba bien, que no tenía ningún daño, pero las radiografías mostraban claramente una fractura en la cadera.

—¿Se los dijiste?

—Volvieron a revisarlo y lo confirmaron. Pero, al final del día, no hay mucho que hacer más que manejar el dolor. Es del mismo lado que su amputación, así que no soporta peso. Se curará por sí sola con el tiempo, pero no debería pedalear hasta entonces.

—¿Y Paul?

Lindy se encogió de hombros.

—Ya veremos.

Busqué a Alice poco después y le pregunté cómo se sentía al tener que dejar el viaje.

—Después de todo lo que he pasado, quiero salir y demostrarle a la gente lo que soy capaz de lograr —dijo encogiéndose de hombros y sacudiendo la cabeza—. Pero por ahora, tengo que parar.

Pienso que fue egoísta de mi parte, pero me entristeció. Alice no se sintió cómoda siendo pasajera en el vehículo durante los primeros dos días del viaje, así que asumí que tal vez querría regresar a Chile de inmediato. Eso significaría que ya no la tendríamos subiendo al escenario y hablando en los conciertos, lo cual era una lástima.

—Regresar a Chile podría ser lo mejor para tu cadera —dije mientras lo discutíamos—. Ellos te cuidarán hasta que terminemos el viaje.

Alice no estuvo de acuerdo.

—Quiero estar aquí. Quiero terminar con ustedes. Aunque no pueda pedalear, voy a estar aquí apoyándolos.

Me quedé asombrado por su resistencia y fortaleza. Una simple lesión en el brazo y yo había dejado la lucha libre para siempre. Alice acababa de sufrir un accidente que, de no ser por los cascos, podría haber terminado en una o dos fatalidades. Tenía mucho más que perder que cualquiera de nosotros y, aun así, estaba decidida a seguir adelante. No le interesaba jugar a lo seguro. Vivía sin restricciones.

Entonces comprendí que me había equivocado sobre Paul. No era el único ciclista fuerte del grupo ni el único líder capaz de inspirar a los demás. Alice era probablemente la persona más extraordinaria que había conocido.

Le había dado al viaje dos nombres: *Ciclo Vida* y *La milla extra*, como título y subtítulo. Los había elegido porque encajaban bien con lo que esperábamos lograr. Pero solo ahora comprendía en realidad su significado completo y cómo Alice lo encarnaba perfectamente: no se trataba solo de sudar, recaudar dinero y volver a casa. Se trataba de vivir más plenamente, de empujarnos más allá en cada aspecto, no solo en las bicicletas. Más valentía. Más resistencia. Más confianza.

Si hubo una historia de la Biblia que resonó más en mí durante el viaje fue la de Nehemías. El hombre que regresó del exilio para reconstruir los muros del templo enfrentó mucha oposición, pero se mantuvo enfocado y determinado en su misión.

«Yo estoy haciendo una gran obra», dijo cuando sus enemigos intentaron distraerlo (Neh 6:3).

Paul y Alice estaban igual de enfocados, igual de decididos, igual de convencidos de que estaban cumpliendo una tarea justa. Aunque el viaje de Alice había terminado, se quedó con el equipo e hizo todo lo posible para que siguiéramos adelante. Paul solo se perdió un día de pedaleo. Ambos entendieron que el viaje era más grande que el dolor.

En mi industria, hay mucho potencial para que el ego se descontrole. En muchas ocasiones, he confiado demasiado en mi propia fuerza y capacidad. Me gusta la forma en que puedo componer una melodía y disfruto esos momentos en un concierto en los que miles de personas comparten una experiencia llena de alegría. Es un desafío constante, y por eso me encanta la canción «The Reason I Sing» [La razón por la que canto] de Jimmy Needham. En ella, él canta sobre estar perfectamente bien con escenarios pequeños, audiencias pequeñas y pagos pequeños. Porque, incluso cuando servimos en los lugares más pequeños, en formas menos visibles, nuestra obediencia sigue trayendo gloria a Dios.

Ciclo Vida nos llevó a escenarios pequeños y terminamos gastando mucho más de lo que ganamos, pero en ese proceso recordé una verdad poderosa: Dios nos invita constantemente a profundizar nuestra relación con Él. Al igual que

Jesús con los discípulos y el joven rico, Él nos ofrece la oportunidad de experimentar más de su amor y propósito. Él está ahí, con los brazos abiertos, llamándonos a acercarnos. Y esos pasos que damos en su dirección son los que nos sacan de nuestra zona de confort y nos impulsan a recorrer la milla extra, entonces nos alejamos un poco más del peligro de creer que nuestro ego puede dirigirlo todo. Porque cuando realmente nos sumergimos en la obra que Dios está haciendo, se vuelve evidente que confiar en Él es el único camino que se debe seguir.

Hubo innumerables momentos en el viaje en los que miré a mi alrededor y me di cuenta de que no había forma de que Evan Craft pudiera haber logrado algo así por su cuenta. Incluso con nuestro increíble equipo, no habríamos podido hacerlo sin Dios.

Por eso, la siguiente estrofa de *La milla extra* significó tanto para mí:

Antes creía que nada puedo cambiar,
qué diferencia hace solo una vida.
Pero el que deja las noventa y nueve va por mí,
no olvida al pequeño y débil.
El día en que mis fuerzas fallan pensaré en Jesús,
cargando Él mi pecado, llevando mi cruz.
Cada gota de su sangre, un océano de amor
que al mundo inundó con su perdón.

Capítulo 8

Por qué estamos aquí

MENDOZA MARCABA LAS trescientas millas del recorrido, un tercio del camino hacia nuestro destino final. Siempre habíamos planeado hacer una pausa allí y usar la ciudad como base por unos días. Teníamos programado un concierto en una iglesia local, y todos estábamos agradecidos por la oportunidad de olvidarnos de las bicicletas por cuarenta y ocho horas y tomarnos un tiempo para recuperarnos.

Sin embargo, para Lindy no era solo una pausa. Era mucho más significativo que eso. Nuestro primer día completo en Mendoza coincidía con su trigésimo cumpleaños y con su último día con nosotros en *Ciclo Vida* antes de volar de regreso a casa. Fue un día de celebración y despedidas, lo que me dejó en un estado reflexivo.

Haberla tenido con nosotros en la primera parte del viaje había sido increíble, y no solo por la ayuda que brindó después del accidente. Su presencia significó mucho para mí. Tener a mi hermana mayor allí me hizo sentir protegido de una manera que no esperaba. Cuando exploté el primer día, no me juzgó. Cuando me preocupé por las montañas, no dudó de mí. Siempre que me sentí fuera de mi zona de confort, ella estaba ahí, sin entrar en pánico ni cuestionar lo que estábamos haciendo. Su simple presencia era suficiente.

Lindy debía tomar su vuelo mientras nosotros estábamos dando un concierto esa noche, así que nos despedimos después de la prueba de sonido. No me sorprendió emocionarme cuando la abracé, pero sí me sorprendieron sus lágrimas. Lindy no es la que llora en la familia. Ese soy yo.

Pero ahí estábamos, en la parte trasera de la iglesia diciéndonos adiós, y su rostro se veía empapado en lágrimas.

—No lo puedo creer —dijo.

—¿Qué? ¿Que ya eres tan vieja?

Se sorbió la nariz ante mi broma.

—No. No puedo creer la forma en que se han tratado entre ustedes. Nunca había visto a la gente actuar de una manera tan generosa. Ustedes realmente se aman.

—¿Lo notaste?

Asintió.

—Cuando vuelva a casa, quiero encontrar una comunidad cristiana. Quiero regresar a la iglesia.

—¿De verdad?

Era mi turno de llorar. Eso era enorme.

Nos abrazamos otra vez y, antes de que me diera cuenta, era hora de que se fuera. La acompañé hasta el auto que la llevaría al aeropuerto.

—Por cierto —dijo antes de cerrar la puerta—, Alex realmente necesita una nueva prótesis.

El concierto estuvo bien, aunque se sintió un poco extraño sin Alice ni Paul, quienes usualmente tocaban la guitarra con nosotros en el escenario. Entre sus ausencias y la partida de Lindy, todo se sintió diferente. Pero cuando Alex subió al escenario y contó su historia, me dejó impresionado por la forma en que conectó con la gente.

Esa noche, cuando finalmente me acosté, mi cabeza no dejaba de dar vueltas. Entre la recuperación de Paul, el deseo de Lindy de volver a la iglesia y su comentario sobre la prótesis de Alex, además de otras preocupaciones como el estado financiero del viaje y cuánto dinero habíamos logrado recaudar, mis pensamientos saltaban de un tema a otro. Estaba agotado y necesitaba dormir, pero el sueño no se hallaba en mis planes.

De todas mis preocupaciones, el dinero era la más grande. Cuando comencé a planear *Ciclo Vida*, tenía un objetivo claro: recaudar cien mil dólares y donarlos a una organización local que ayudara directamente a la comunidad. Solo quedaba una parte firme de ese plan: la organización que recibiría el dinero. Estaba en Mendoza y hacía un trabajo increíble alimentando a niños desnutridos. Debía reunirme con ellos al día siguiente, y esa era la razón de gran parte de mi estrés esa noche.

El primer objetivo del plan había fallado. Cuando organizamos la gira, acordamos con cada iglesia el monto que nos pagarían, siempre en dólares estadounidenses. Con eso y lo que asumimos que ganaríamos con la venta de productos promocionales, los cien mil parecían alcanzables. Luego, Argentina entró en una crisis monetaria total. El peso se devaluó justo antes de que iniciáramos el viaje, pasando de doce pesos por dólar a cuarenta en una noche. Con el país en crisis financiera, ninguna iglesia podía pagarnos casi cuatro veces más de lo que habíamos acordado. Algunas apenas podían pagarnos algo.

Luchaba con toda esta situación. Parte de mí sabía que era algo fuera de mi control. Tenía que confiar en Dios y recordar que Él es el proveedor. No se trataba de nuestras habilidades como recaudadores de fondos. Éramos soldados, no artistas. Dios manejaría el dinero como quisiera.

Pero esto estaba costando mucho dinero, y confiar no siempre era fácil. Con las iglesias sin poder pagar, estaba financiando el viaje con mi propio dinero. Había ganado bien en el pasado y tenía algunos ahorros, sin embargo, se estaban agotando rápidamente. Pronto, no quedaría nada. No quería llegar a un punto en el que algo saliera mal y no tuviera recursos para solucionarlo.

Debería haber confiado completamente en Dios, y mirando atrás veo claramente Su provisión en todo. Pero por las noches, cuando estás cansado, no siempre es fácil ser el soldado que quieres ser.

Hubo un lado positivo en la caída del peso: nuestros costos en Argentina eran más bajos. Y agradecí mucho eso cuando llegó la factura del hospital. Esa tarde, mientras Paul y Alice estaban en radiografías y tomografías, hice algunos cálculos mentales. Sabía que en Chile o Colombia la factura habría sido de cinco mil o diez mil dólares. En EE. UU., sin seguro, habría sido tres o cuatro veces más. Pero en Argentina, no tenía idea. Solo sabía que gracias a la devaluación del peso el costo sería cuatro veces menor. Solo oraba para que no nos dejara en bancarrota.

Cuando Adrián me entregó la factura, me quedé en *shock*. No podía apartar la vista de ella. Repasé cada ítem varias veces —tomografías, radiografías, curaciones— verificando y volviendo a verificar los cálculos.

—¿Estás seguro de esto? —le pregunté.

Adrián asintió y sonrió.

—Lo pagué yo mismo, en efectivo.

El total era de quince dólares.

Gracias, Jesús, por el sistema de salud universal de Argentina.

<hr>

Dado que estábamos teniendo problemas para alcanzar nuestra meta de recaudación, creé una página en GoFundMe. La compartí un par de veces y, antes de viajar a Chile, el total recaudado apenas superaba los dos mil dólares.

Entonces, llegó el correo electrónico.

Al principio, pensé que era una broma.

«Hola, Evan. Vi la página y me encanta lo que estás haciendo. Quiero donar diez mil dólares para apoyar el viaje. ¿Cómo puedo enviarte el dinero? Katherine, Brisbane, Australia».

Mi respuesta fue corta:

«Ja, ja. Evan».

Antes de enviarla, agregué una P. D. con mi número de teléfono. Por si acaso.

Al día siguiente, mi teléfono sonó con una llamada desde Brisbane.

—¿Evan?

—Sí.

—Soy Katherine.

—¿Katherine?

—Te envié un correo sobre donar al viaje.

—Oh... —Tal vez esto no era una broma después de todo—. No esperaba que llamaras.

—¿En serio? Me encanta lo que estás haciendo. Envíame los datos de tu cuenta y te transfiero el dinero.

Seguimos hablando por un rato y luego colgamos. Aún no estaba seguro de si realmente cumpliría su palabra, pero un par de días después ahí estaba el dinero: diez mil dólares, tal como lo había prometido.

Llamé a Katherine tan pronto como verifiqué mi cuenta bancaria para agradecerle. También sentía curiosidad y quería saber más sobre ella.

—Bueno, no soy realmente rica, pero me ha ido bien con algunas inversiones en la bolsa —me dijo—. También tengo una pregunta para ti, Evan.

—Adelante.

—¿Puedo unirme al viaje? No quiero pedalear ni nada, pero me encanta la idea de acompañarlos y ver lo que están haciendo.

No fue una pregunta difícil de responder.

—Katherine, eres la mayor donante. Puedes hacer lo que quieras.

Katherine llegó a Mendoza la misma noche en que Lindy se fue. Nunca había estado en Chile ni en Argentina, no hablaba español y no sabía nada sobre bicicletas, pero fue una incorporación perfecta para el grupo. Cuando la presenté al equipo, les contó cómo Dios había puesto en su corazón donar el dinero y cómo al día siguiente, en otra inversión, había recuperado exactamente la misma cantidad. Ella era una compañera que siempre recorría la milla extra.

Al otro día, la llevé conmigo a conocer la organización sin fines de lucro a la que habíamos planeado donar el dinero. Estaba emocionado por conocerlos en persona. Aunque nuestra cifra original de cien mil dólares se había reducido a doce mil dólares, sabía que ese dinero aún tenía el poder de hacer el bien y cambiar vidas.

La reunión estaba programada para las diez de la mañana, con media hora de charla previa y luego una conferencia de prensa organizada por ellos. Esperábamos que ayudara a aumentar su visibilidad y atraer donaciones de última hora.

Llegamos puntuales. Fuimos los primeros en llegar. Así que esperamos. Esperamos diez minutos. Luego veinte. Cuando se acercaba la hora de la conferencia, llamamos a los de la organización. No respondieron.

La conferencia de prensa llegó y pasó. Aproximadamente quince periodistas se presentaron. Pero nadie de la organización.

Seguimos esperando. No aparecieron. Llamamos de nuevo. No contestaron.

Por un momento, sentí que debía estar incómodo por tener a Katherine ahí. Ella había donado mucho dinero y odiaba que pudiera pensar que éramos incompetentes o poco confiables. Pero Katherine no era alguien que se desviara fácilmente del camino. Solo se encogió de hombros y dijo:

—Supongo que Dios tiene un mejor plan para el dinero. Solo tenemos que averiguar cuál es.

Al final nos rendimos y regresamos al hotel. De una manera extraña, me sentí aliviado. La idea de simplemente entregar un cheque y marcharnos parecía anticlimática o algo decepcionante, como si no encajara con la forma en que todo el viaje de *Ciclo Vida* había transcurrido.

Y Katherine tenía razón. El desafío ya era otro. Solo necesitábamos alinearnos con Dios.

Unos días después, finalmente supimos de la organización. Se disculparon por no haber asistido a la reunión y explicaron el motivo: no creían que fuéramos reales. Asumieron que estábamos lavando dinero o haciendo algo ilegal. Cuando les explicamos la verdad, lo entendieron y estuvieron de acuerdo con nosotros. Pero no nos pidieron el dinero, y me alegró que no lo hicieran. Porque para entonces ya habíamos encontrado un propósito mucho mejor para él.

Al día siguiente, Paul se sentía mejor e incluso hablaba de reincorporarse al viaje en uno o dos días. Eso nos dio ánimo a los demás, y decidimos salir a recorrer algunas millas para que cuando él estuviera listo tuviera menos camino por delante.

Nuestro próximo gran destino era Córdoba, a trescientas cincuenta millas de distancia. La ruta era plana, así que calculamos que en uno o dos días podríamos avanzar entre cien y ciento cincuenta millas. Nos lo tomaríamos con calma, sin presionarnos demasiado. Pedaleábamos lo más lejos posible cada día y luego regresábamos en los vehículos a Mendoza.

Ese primer día fue un desastre. Desde que salimos de Mendoza, sentí que me estaba deshidratando. Cuando llegamos a Las Catitas, a cuarenta y cinco millas de distancia, me sentía tan enfermo que apenas podía mantenerme en la bicicleta. Los demás decidieron que lo mejor era dar por terminado el día, así que cargamos las bicicletas y regresamos, con la esperanza de que el siguiente día fuera mejor. Estaba seguro de que solo necesitaba acostarme temprano y beber mucho líquido.

Pero mi recuperación no salió como esperaba. Me perdí el siguiente día de pedaleo. Y el día después de ese. No podía hacer nada más que acostarme en el asiento trasero de la camioneta, acurrucado en posición fetal, temblando como un perro mojado. En algún punto entre esos días, también tuvimos un concierto. Pude atiborrarme de analgésicos y remedios para la gripe, pero aun así apenas podía cantar.

Cuando al fin estuve listo para volver a pedalear, Paul ya estaba de regreso en la bicicleta. Había salido a rodar un día mientras yo me encontraba en la camioneta. Todavía sentía dolor por el accidente, pero aun así siguió adelante.

—¿Estás seguro de que quieres seguir pedaleando? —le pregunté.

Paul solo sonrió y dijo:

—Mucha gente tiene que vivir con incomodidad. Sigamos adelante.

Cuando estuve lo suficientemente bien para volver a subirme a la bicicleta y reunirme con los demás, Córdoba estaba a solo doscientas millas de distancia. Calculamos que en un día, dos como mucho, llegaríamos allí. No contábamos con que el clima tendría algo que decir al respecto.

Salimos aquella mañana y de inmediato nos vimos frenados por vientos en contra de hasta veintidós millas por hora. Deberíamos haber estado avanzando a veinte millas por hora, pero en cambio luchábamos por mantener un ritmo constante de diez. Mi reloj me indicaba que en algunos momentos gastaba más energía para avanzar a ocho millas por hora que en días anteriores cuando rodábamos a veinte en terreno plano.

Fue brutal. Y entonces empezó a llover.

La tormenta nos envolvía como corrientes traicioneras en el océano. El viento lanzaba la lluvia directamente contra nuestros rostros. Luego, la lluvia se convirtió en granizo.

Intentamos que nuestro pelotón estuviera lo más compacto posible, pero no hizo tanta diferencia como de costumbre. Lo mismo ocurrió cuando intentamos usar uno de los vehículos como rompevientos frente a nosotros. La tormenta seguía encontrando formas de colarse entre los espacios y lanzar granizos que nos golpeaban como proyectiles. Cuando finalmente nos detuvimos, las condiciones empeoraron aún más. El granizo, que antes tenía el tamaño de arándanos, de repente era del tamaño de pelotas de béisbol. Nunca había visto algo así.

Hubo momentos en los que sentí miedo. Mis dedos estaban tan entumecidos que parecían pertenecerle a otra persona. Al intentar cambiar de marcha, en ocasiones simplemente no podía moverlos. Mis manos estaban heladas, y tenía que aferrarme con tanta fuerza al manubrio para mantenerme en pie contra el viento que temí caerme.

Pensé en todos los obstáculos y desánimos que habíamos enfrentado, algunos tan invisibles como el viento: el accidente, la organización sin fines de lucro que nunca apareció, los días que perdí por enfermedad. Era tan fácil sentirse desmotivado, especialmente porque se suponía que esta parte del viaje sería la más sencilla.

Podríamos haber parado. Pero nadie tenía ganas de rendirse. Paul había decidido levantarse y seguir pedaleando a pesar del dolor. Alice y Alex nos habían dado la más poderosa demostración de resiliencia frente a la adversidad. No había manera de que dejáramos que un poco de viento y lluvia nos detuvieran.

En cambio, luchamos. Estábamos agotados. Cada uno metido en su propio mundo, sacando fuerzas de donde podíamos para seguir avanzando. No puedo decir cómo lo lograron los demás, pero sé cómo lo hice yo.

Tenía una estrofa de la canción *La milla extra* repitiéndose una y otra vez en mi cabeza:

> *El día en que mis fuerzas fallan*
> *pensaré en Jesús, cargando mi pecado,*
> *llevando mi cruz.*

Es fácil caer en la trampa de pensar que la vida debería ser más fácil de lo que es. Cuando las cosas se ponen difíciles es tentador decir: «No se suponía que fuera así».

¿En serio?

¿Estamos seguros?

¿Acaso la vida debería estar libre de obstáculos? ¿No debería haber desafíos nunca? ¿Se supone que debemos pasar de la cuna a la tumba sin sentir nunca que hemos sido llevados al límite?

Somos almas heridas en cuerpos mortales, viviendo entre personas tan frágiles y rotas como nosotros. Por supuesto, la vida tendrá momentos difíciles. Habrá fracasos, obstáculos, días oscuros y temporadas complicadas. Y los golpes más duros serán aquellos que no veamos venir.

Pero esa no es la historia completa y tampoco termina así.

No luchamos solos. No estamos diseñados para enfrentar las pruebas sin ayuda.

«No temas». La Biblia lo dice. No una ni dos veces, sino trescientas sesenta y cinco veces.

Habrá problemas en el camino, días difíciles que nos empujarán al límite. Nos encontraremos con nuestras debilidades, alcanzaremos nuestros límites. Y aunque todo esto pueda asustarnos, no tenemos que dejarnos atrapar por el miedo. Podemos pensar en Jesús. Podemos mirar hacia Él y así encontrar la fuerza que necesitamos para seguir adelante. Podemos confiar en que Él estará allí para nosotros, en la milla extra. Porque es allí donde descubrimos lo que realmente significa pertenecerle.

Después de dos días luchando contra los vientos invernales en el camino a Córdoba, finalmente llegamos, pero no hubo mucho tiempo para descansar. El resto del equipo se reunió con nosotros, guardamos las bicicletas y tomamos un vuelo de quinientas millas hacia el norte, a Resistencia, para un concierto. Fue bueno ver a todos juntos en el aeropuerto, riendo y bromeando mientras pasábamos por seguridad. Me encantaba ver la forma en que músicos, ciclistas y equipo trabajaban como un solo bloque, dando la bienvenida a Katherine y haciéndola sentir parte de la familia. Las palabras de Lindy sobre el amor en nuestro grupo resonaban en mi mente.

Sin embargo, había algo que no me gustaba ver. Después de tanto tiempo pedaleando, la prótesis de Alex le estaba lastimando la pierna. Alice aún estaba adolorida, y por primera vez me detuve a observar con claridad lo difícil que era su día a día. Verlos atravesar seguridad con dificultad me hizo darme cuenta de cuánto daba por sentado. Aunque advertir que lo hacían con tanta gracia, determinación y paz me recordó lo asombrosos que eran.

En algún punto entre el despegue y el aterrizaje, una idea comenzó a tomar forma en mi mente. Al principio era solo un «¿y si...?», algo vago y sin forma. Pero cuanto más pensaba en ello, más crecía. Cuando llegamos a nuestro hotel en Resistencia, estaba listo para ponerlo en palabras.

—¿Por qué no usamos el dinero que recaudamos para comprarles prótesis nuevas a Alice y Alex?

La primera vez que lo dije en voz alta fue estando solo en mi habitación del hotel. Me gustó cómo sonaba y tenía perfecto sentido: entre la generosidad de Katherine y lo recaudado en GoFundMe, habíamos conseguido doce mil dólares. La organización sin fines de lucro en Mendoza resultó ser un callejón sin salida, y encontrar otra causa que nos diera la certeza de que el dinero se usaría bien y tendría un impacto real en la vida de las personas tomaría tiempo. Mientras tanto, Alice y Alex necesitaban prótesis, y si podíamos ayudarles a conseguirlas, no tenía la menor duda de que mejoraríamos significativamente su calidad de vida.

Me convencía a mí mismo, pero no tenía idea de si convencería a los demás.

La segunda vez que lo dije en voz alta fue a Katherine. Su respuesta fue inmediata.

—Me encanta. Y puedo darte otros siete mil dólares.

Aquella tarde tenía tiempo libre, así que lo pasé explorando en Google el extraño y desconocido mundo de las prótesis. Lo que descubrí me dejó sorprendido.

Me di cuenta de que las prótesis son como los autos, las bicicletas de ruta o cualquier pieza de ingeniería de precisión: la innovación y el nivel de especialización no tienen límites. En la cima de la tecnología estaban prótesis que parecían sacadas de *Transformers*, hechas de fibra de carbono con microprocesadores incorporados, los cuales monitorean y ajustan constantemente el soporte para el usuario. Y, al igual que los autos y las bicicletas de alto rendimiento, el precio podía ser desorbitante, alcanzando seis cifras por una prótesis fabricada por Ottobock, la empresa líder en el mercado.

Obviamente, no había forma de que nuestro presupuesto se acercara a esas cifras, así que seguí buscando. Encontré algunas marcas mucho más económicas, pero no tenía idea de si una prótesis barata realmente sería una mejora para Alex o incluso para Alice. ¿Era nuestro presupuesto tan bajo que todo esto era un error desde el principio? No lo sabía. Pero luego me di cuenta de algo: yo no tenía idea sobre este tema. Así que lo que en verdad necesitaba era alguien que sí supiera.

Cambié mi búsqueda en Google y empecé a investigar proveedores de prótesis en Argentina. Fue entonces cuando di en el clavo. Encontré un centro ortopédico en Córdoba, justo donde íbamos a estar la semana siguiente después del concierto.

Decidí contactar a Deborah, una persona que había conocido recientemente en Argentina y que trabajaba para una corporación multinacional. Al igual que Katherine, Deborah se había puesto en contacto cuando escuchó sobre el viaje y me ofreció su ayuda en lo que fuera posible. Dado que la organización en Mendoza había asumido que yo era algún tipo de delincuente, me pareció que sería mucho mejor que fuera Deborah quien se acercara al centro ortopédico en lugar de hacerlo yo.

—Están muy emocionados —dijo Deborah, menos de una hora después de que la llamé para pedirle ayuda.

—¿En serio? —respondí doblemente sorprendido.

—Sí. Les encantaría conocer a Alice y Alex. Los recogerán en el aeropuerto cuando regresen mañana, los llevarán a almorzar y verán qué pueden hacer por ellos.

—Guau. Eso fue mucho más fácil de lo que imaginé.

Deborah rio.

—El dueño es cristiano. Entiende lo que estás haciendo con *Ciclo Vida* y le encanta.

La llamada terminó y me desplomé sobre la cama. Estaba asombrado y emocionado, convencido de que tenía ante mí los primeros signos de que Dios estaba obrando. Mi emoción descendió un poco cuando me di cuenta de que había olvidado preguntarle a Deborah sobre el costo. Pero ¿qué podía hacer? Si Dios estaba en esto, el dinero no sería un problema.

A veces, los conciertos se sienten como una batalla. Estás en el escenario frente a la gente y puedes ver la resistencia en sus rostros, sentir la duda en el ambiente. En esas noches, tu trabajo es seguir adelante sin importar qué, liderar con el ejemplo y entregarte por completo. Sin embargo, hay conciertos en los que todo se siente diferente. La gente tiene hambre de Dios, está lista para recibir lo que Él quiera hacer. En esas noches, tu trabajo es apartarte del camino y dejar que todo fluya.

Esa noche en Resistencia resultó una de las más increíbles de mi vida. El concierto fue intenso en el mejor sentido posible. Paul volvió a tocar la guitarra, Pablo predicó, y había una fuerte sensación de que la gente estaba abierta a lo que Dios tenía para ellos esa noche. No era una noche en la que tenía que liderar. Era una noche para ser testigo de cómo Dios transformaba vidas.

Alice y Alex estaban allí, y los invité a hablar como lo habíamos hecho antes del accidente. Pero esta vez, algo era diferente. Se notaba una mayor apertura a Dios en sus palabras. Habíamos hablado de fe antes, y ellos no se consideraban cristianos. Pero mientras Alice contaba su historia y hablaba sobre lo que significaba encontrar esperanza después de su accidente, supe que Dios estaba obrando en su vida.

En otras ocasiones, después de que Alice hablaba, Alex solía decir algunas palabras. No obstante, esa noche teníamos otro plan. En lugar de darle el micrófono, le entregué mi guitarra. Di un paso atrás y lo escuché cantar.

Tocaba la guitarra como si estuviera subiendo una colina empinada en su bicicleta, golpeando las cuerdas con fuerza mientras avanzaba con los acordes. Su voz temblaba un poco al empezar a cantar en español. La melodía era alta e inestable, incapaz de ocultar el dolor que se escondía en sus letras:

> *Hace tiempo buscando una salida*
> > *de lo que no podía entender, de lo que no quería*
> *aceptar.*
> *En segundos te sorprende la vida, sin saber qué va a suceder, si detenerte o continuar.*
> *No ha sido fácil, pero te confieso*
> > *que he conocido a Alguien especial, quien me ayudó*
> *a salir de esta agonía.*
> *Y aunque no lo pueda ver, Él siempre está.*

Todo era tan crudo, tan real.

Cuando terminó, hubo un silencio perfecto en la sala.

Al igual que en otros conciertos, la noche terminó con gente queriendo hablar sobre Alice y Alex. Algunos se acercaban para preguntar de dónde los había sacado; otros simplemente querían decirme lo poderosa que era su historia y cuánto les había impactado escucharla. Alice y Alex se quedaron un rato más, hablando con todos los que querían acercarse a ellos. No obstante, esta vez había más personas. Vi cómo una mujer se acercó con sus dos hijas pequeñas y les habló con emoción.

—Miren, niñas. Ella es una superheroína. Es ciclista, viaja a donde quiere. Nada la detiene.

Alice rio y trató de restarle importancia, pero estaba claro que el cumplido la tocó profundamente. Su rostro irradiaba felicidad.

Más tarde, cuando regresamos al hotel y todos estaban a punto de irse a dormir, me senté con Alice y Alex en un rincón tranquilo.

—Escuché a esa mujer llamarte superheroína —dije.

Alex sonrió de oreja a oreja.

—Tengo tres hermanas menores y quiero que vean que si yo puedo, ellas también pueden —apuntó Alice con la cara resplandeciente—. No hay límites.

—Exactamente —señalé—. La vida no ha sido fácil para ustedes, pero su resiliencia es lo que más impresiona a la gente.

Hice una pausa. Me pregunté si era el momento adecuado.

—He estado pensando en qué hacer con el dinero que recaudamos.

Tomé aire.

—Creo que lo mejor que podríamos hacer es usar ese dinero para comprarles una prótesis nueva a cada uno. ¿Qué opinan?

Inmediatamente, ambos se tensaron. Fue como si les hubiera dado una mala noticia, como si les estuviera diciendo que los deportarían a Venezuela a primera hora de la mañana.

—No —dijo Alice sin dudarlo—. No la quiero.

—Yo tampoco —agregó Alex.

Los miré con atención. No eran del tipo que bromeaban con algo así, así que supuse que hablaban en serio. Pero no podía entender por qué.

—Déjenme explicarles —dije—. Queremos conseguirle una nueva pierna a cada uno. Será suya para siempre y no le deberán nada a nadie. Será un regalo. Como el teléfono. ¿No les gustaría? ¿No les ayudaría?

Se miraron por un momento.

—Nos han prometido esto antes —dijo Alice en voz baja—. Muchas veces. Nos dicen que nos darán nuevas prótesis, que nos enviarán a competir internacionalmente... pero nunca sucede. Siempre encuentran una excusa para echarse atrás. No queremos ilusionarnos otra vez.

Se quedaron allí sentados, asidos de la mano.

Quería respetar sus deseos. Y no tomé a la ligera lo que dijeron. Si hubiera pensado que esto era arriesgado o que no funcionaría, habría retrocedido. Pero tenía un presentimiento, mejor dicho, *sabía* que Dios estaba en esto. Y Dios no juega con las personas.

—Esta vez es diferente —expresé con firmeza—. Realmente creo que Dios quiere hacer algo maravilloso en sus vidas.

Al día siguiente, nuestros vuelos de regreso a Córdoba se retrasaron. Pasamos horas esperando en el hotel y luego en el aeropuerto. No quería presionar a Alice y Alex, y confiaba en que si Dios había orquestado todo hasta ese momento, no necesitaba mi ayuda para superar este obstáculo.

Así que no me sorprendió cuando Alice se me acercó al mediodía.

—Si de verdad estás seguro de esto, Evan, aceptamos reunirnos con ellos.

Le dije que lo coordinaría y volví a llamar a Deborah para hacer los arreglos.

El resto del día pasó como un borrón mientras viajábamos de regreso al sur. No tuve mucha oportunidad de hablar con Alice y Alex durante el vuelo, y tan pronto como llegamos al aeropuerto, alguien del centro ortopédico los estaba esperando para llevarlos. Se veían algo nerviosos al marcharse. Me sentí como un padre en el primer día de clases de sus hijos. Y cuando Alice y Alex regresaron al hotel esa noche, no parecían tener muchas ganas de hablar sobre lo que había pasado. Estaba desesperado por saber cómo les había ido, pero entendía su reserva para contarlo.

No fue sino hasta el día siguiente, un martes, cuando finalmente recibí noticias del centro ortopédico. Estaba en el *lobby* del hotel cuando entró la llamada. Era difícil escuchar bien.

—¿Evan? Soy el doctor Mario, del centro ortopédico. Pasamos un buen rato con Alice y Alex ayer.

—¿Sí? ¿Pueden ayudarlos?

—Podemos. Alex no necesita nada demasiado sofisticado, ya que su amputación es por debajo de la rodilla, pero hay dos opciones para Alice, ambas fabricadas por una empresa llamada Ottobock. Son prótesis de alta calidad y el costo será de unos nueve mil dólares para Alex y unos quince mil dólares para Alice.

Me quedé en *shock*. Veinticuatro mil dólares por dos prótesis era mucho menos de lo que había supuesto, especialmente porque hablaba de suministrarlas con una de las mejores marcas del mundo. Pero veinticuatro mil dólares aún excedían nuestro presupuesto de dieciocho mil.

Seis mil dólares. Podía encontrar ese dinero, ¿verdad? Podía hablar con algunas personas que conocía y que tenían dinero, y seguramente una de ellas cubriría la diferencia. O podríamos hacer una campaña en línea y convertirlo en un proyecto comunitario, en el que muchas personas aportaran pequeñas cantidades. Pero mi instinto no me decía que hiciera eso. En cambio, pensé en el libro sobre Reinhard Bonnke y cómo él se ponía en situaciones en las cuales tenía que confiar en Dios. Pensé en todas las historias que escuché al crecer en California, como aquella sobre el Dream Center en Los Ángeles. Ellos querían comprar un hospital de treinta millones de dólares para usarlo en su ministerio, pero no tenían ni cerca de esa cantidad. Confiaron en Dios, tuvieron la fe para preguntar y terminaron consiguiendo el lugar por algo así como seis millones.

Respiré profundo.

—Doctor Mario, seré sincero con usted. Solo tenemos dieciocho mil dólares. ¿Hay alguna posibilidad de que nos den un descuento?

—Evan, soy cristiano —dijo sin dudarlo—. Me encanta lo que están haciendo. Déjame hablar con la marca y con mi jefe. Te llamaré en cuanto tenga una respuesta.

La llamada terminó y levanté la vista. Todo el equipo se había reunido alrededor de mí y había estado escuchando. Ahora, todos me miraban expectantes. Les conté lo que el doctor Mario había dicho y que nos llamaría de vuelta.

—¿Cuándo? —preguntó Essence.

—No sé. El proveedor está en Alemania, así que tomará algo de tiempo, supongo.

Cinco minutos después de terminar la llamada con el doctor Mario, mi teléfono volvió a sonar. Era el mismo número.

—Qué raro —murmuré—. Tal vez olvidó preguntarme algo.

—¿Doctor Mario?

—Evan. Ya lo tienes.

—¿Qué?

—Podemos hacer ambas prótesis por dieciocho mil dólares. Las tendrán el viernes.

No solo me emocioné un poco. Me desmoroné por completo. Lloré, sollocé, y repetí «gracias» una y otra vez. No podía creerlo. Cuando soñaba con el viaje, asumí que recaudaríamos miles y miles de dólares y que todo sería donado a las causas que encontráramos en el camino. Pero la realidad había sido diferente. No estábamos recaudando ni de cerca las cifras que había imaginado. Y, sin embargo, de alguna manera, siempre teníamos exactamente lo que necesitábamos.

Era como los israelitas en el desierto cuando Dios les daba maná cada mañana. No les daba más de lo necesario ni les permitía almacenarlo para el día siguiente. Solo les daba lo justo. Y eso los mantenía dependientes de Él.

La llamada terminó y miré al equipo. Todos estaban llorando también, igual de asombrados, igual de impactados, igual de agradecidos.

Tomamos un momento para celebrar. Luego, me limpié las lágrimas y marqué un número en FaceTime. Alice y Alex aparecieron.

—Ey —dije—. Acabo de hablar con el doctor Mario. Van a recibir prótesis nuevas. Se las harán a la medida y las tendrán esta semana. El viernes. No es una broma. Esta vez es real.

Al principio, sus rostros solo reflejaban asombro. Pero no hubo incredulidad. No hubo dudas esta vez. Dios había estado obrando en ellos. Los había llenado de esperanza, dejándoles saber que los amaba y que estaba con ellos.

Así que el *shock* solo duró unos segundos. Cuando se disipó, la alegría irrumpió con fuerza.

Alice chilló. Alex saltó. Los dos lloraban, igual que todos los que estábamos alrededor del teléfono.

Cuando finalmente hubo una pausa en los gritos y celebraciones, hablé de nuevo.

—Esto es solo el comienzo. Dios va a hacer cosas increíbles en sus vidas.

Capítulo 9

Comprando zapatos

(y otros milagros)

LA TERCERA VEZ que escuchamos el sonido familiar de las sirenas policiales detrás de nosotros, no me importó. Estábamos agotados, quemando más de cuatro mil calorías al día, pedaleando seis horas diarias para intentar cubrir las doscientas cuarenta millas entre Córdoba y Rosario en tres días. Sin embargo, no estaba frustrado. El asfalto era irregular y mi trasero había alcanzado un nuevo nivel de dolor, pero tampoco me importó. No sentía estrés ni frustración ni preocupación, como los que había sentido las otras dos veces que nos detuvieron en Chile. Nada podía afectar mi estado de ánimo. Simplemente, me detuve a un lado de la carretera y esperé a que los policías bajaran de su vehículo y decidieran qué hacer con nosotros.

Era jueves, dos días después de que el doctor Mario llamara y de recibir la noticia de que Alice y Alex tendrían nuevas prótesis. Seguía eufórico. Todos lo estábamos. Aunque aún faltaba un día para que les colocaran sus nuevas prótesis, no podía dejar de celebrar. Era como ese momento en el que golpeas el balón y sabes que va a entrar en la portería. Todavía está en el aire, pero sabes que es un gol. Así me sentía con Alice y Alex. Sabía que Dios lo había hecho, que la victoria era segura, tanto como que el sol se pondría esa noche y volvería a salir al día siguiente.

En los dos días de pedaleo entre Córdoba y Rosario, había tenido repetidamente una canción en mi mente: «Galileu», del artista brasileño Fernandinho. Mi portugués no es el mejor, así que no entendía cada estrofa, pero la canción era una banda sonora perfecta. Bajaba la cabeza, pedaleaba con fuerza, y mi alma se enfocaba en el Galileo al que estaba siguiendo. Lloré muchas veces en el camino. Hubo momentos en los que la alegría y la gratitud dentro de mí eran tan fuertes que sentía que iba a explotar. El viaje no se parecía en nada a lo que había planeado, pero era la mayor aventura en la que había estado involucrado. Ni siquiera me molestó haber completado la jornada más larga hasta ese momento: ciento cuatro millas en siete horas. Todo eso se desvanecía en comparación con lo que Dios estaba haciendo.

Cuando nos indicaron que nos detuviéramos al costado del camino, sentí el hambre despertarse dentro de mí. Habíamos comprado alfajores en Córdoba y tenía dos en el bolsillo de mi chaqueta. En menos de veinte segundos me los había comido, agradecido por el impulso de seiscientas calorías que acababa de darme. Había aprendido la lección desde mi ataque de hambre y enojo con Adrián el primer día, y no quería arriesgarme.

—No pueden andar en bicicleta en la autopista —dijo el oficial mientras se acercaba a nosotros.

—Está bien.

Tragué un sorbo de agua y pregunté:

—Vamos a Rosario. ¿Qué se supone que debemos hacer?

El oficial señaló la dirección en la que íbamos.

—Pueden seguir pedaleando cuando pasen el próximo peaje. Está a veinte millas de aquí.

En las otras dos veces que la policía nos había detenido, los había visto como un obstáculo, algo que teníamos que superar o esquivar. Pero esta vez era diferente. Ya teníamos las prótesis. Ya entendíamos cuál era el verdadero propósito de *Ciclo Vida*. Esta era una batalla que no necesitábamos pelear. Hicimos lo que nos dijeron, manejamos las siguientes veinte millas hasta el peaje, y luego pedaleamos las últimas diez millas hasta Rosario antes de subirnos de nuevo a los vehículos y conducir cuatro horas de regreso a Córdoba.

Teníamos programado tocar en una gran conferencia en Córdoba el viernes por la tarde y el sábado por la noche. Por eso, no pude acompañar a Alice y Alex cuando regresaron al centro ortopédico para recibir sus nuevas prótesis el viernes. No obstante, escuché cada detalle de lo que ocurrió. Y he visto tantas veces las grabaciones que hicieron los chicos del equipo, que siento que estuve allí con ellos.

Ambos estaban nerviosos cuando llegaron y fueron recibidos por el doctor Mario. Alice se mantuvo un poco atrás y Alex parecía tenso. Después de tantas promesas a lo largo de los años, y que todas se rompieran, era difícil no estar programado para la decepción.

Pero no tardaron mucho en darse cuenta de la verdad. Esto era real. Estaba sucediendo. Nadie estaba jugando con ellos.

El equipo del doctor Mario se dividió en dos grupos y llevó a Alice y Alex a lados opuestos de la sala. Entre las barras paralelas, los tapetes de seguridad, los espejos y el equipo de rehabilitación, Alice y Alex recibieron sus nuevas prótesis.

No hubo gritos ni exclamaciones de alegría. El ambiente no era sombrío, pero sí serio y reverente. El doctor Mario se aseguró de que cada prótesis encajara a la perfección, les explicó cómo funcionaban y les dio indicaciones detalladas sobre cómo adaptarse a ellas. Con Alice fue especialmente cuidadoso al explicarle cómo debía manejar su fractura con la nueva prótesis. Ella escuchaba en silencio, con los ojos muy abiertos, absorbiendo cada palabra.

Con Alex, el enfoque fue diferente. Cuando su prótesis estuvo ajustada y alineada con su forma de caminar, el doctor lo invitó a dar sus primeros pasos en la habitación.

Alex avanzó con cautela al principio, pero pronto se sintió más seguro, con impulso en cada paso largo, como si estuviera probando un par de tenis nuevos en una tienda.

El doctor lo observó dar su segunda vuelta en la sala, hasta que llegó al final de un pasillo largo y vacío.

—Sabes, todos corren el primer día —dijo con una sonrisa.

Alex se giró para mirarlo, sin estar seguro de haber escuchado bien.

—Deberías correr —repitió el doctor Mario—. Todos lo hacen.

Alex se quedó inmóvil.

—Voy a correr —dijo probando las palabras en su boca—. Voy a correr... pero estoy nervioso.

—¿Por qué?

—Tengo miedo de caerme.

—Puedes hacerlo.

Por un momento, la sala quedó en completo silencio. Alice observaba desde el otro lado mientras su equipo hacía los últimos ajustes a su prótesis. Todos los demás tenían la vista fija en Alex.

—Pero si me caigo... —apuntó en voz baja— me volveré a levantar.

Entonces, bajó la cabeza, inclinó el cuerpo hacia adelante... y corrió.

Todo el centro se llenó con el sonido de sus tenis chirriando contra el suelo y el suave golpe de sus pisadas.

—Voy a correr otra vez.

Con una sonrisa gigante en su rostro, Alex se impulsó desde la pared, giró y volvió a correr. Esta vez corrió aún más rápido, atravesando el pasillo como si fuera una pista de cien metros y estuviera compitiendo contra un viejo rival. Se estrelló contra la pared al final, se detuvo... y quedó en silencio. Sus ojos perdidos en el vacío, su respiración profunda, como si estuviera bebiendo el aire.

—Alex. ¿Alex? —dijo uno de los chicos que grababa rompiendo el silencio—. ¿Cuándo fue la última vez que corriste?

Las lágrimas llegaron de inmediato; un *sprint* total desde cero.

—Hace cinco años —dijo entre sollozos—. Desde el accidente.

Se secó la cara con la manga.

—Y me encantaba correr. Me gustaba mucho. Pensé que nunca volvería a hacerlo.

Para ver a Alex correr, escanea el código QR

Acabábamos de terminar nuestra sesión en la conferencia cuando mi teléfono se iluminó con una llamada de Alex. Él y Alice llenaban la pantalla.

—Tienes que haberlo visto —dijo Alice con el rostro más radiante y lleno de alegría que le había notado en todo el viaje—. Fue increíble. Él nunca pensó que volvería a correr... ¡pero corrió, Evan! ¡Corrió!

No hay manera de que pueda imaginar realmente lo que significó para Alex. He tratado muchas veces de ponerme en su lugar; sin embargo, no puedo entender cómo sería que me dijeran que nunca más podría correr. He tenido mis propias luchas como cualquier otra persona. Pero desde que era niño, Dios siempre me ha dado una familia, comida, zapatos, ropa y todo lo que he necesitado. Nunca he sabido lo que es perder algo tan precioso y fundamental como la libertad de correr. Nunca he experimentado esa pérdida, aunque sí podía sentir la alegría de Alex.

Entonces fue cuando me derrumbé. Me volví un desastre emocional, y apenas pude escuchar el resto de la conversación mientras me mostraban con orgullo sus nuevas prótesis.

Cuando la llamada terminó, me giré hacia Paul y lo abracé con fuerza.

—Todo esto es gracias a ti, Paul. Todo esto sucedió porque tuviste la loca idea de cruzar Norteamérica en bicicleta y luego viniste a mi casa. Tú tuviste la visión y el coraje para hacerlo primero, y me ayudaste a tener la fe para hacerlo yo mismo.

Paul lloraba igual que yo.

—Todo esto es gracias a Jesús —logró decir con la voz quebrada.

Adrián también estaba ahí. Su rostro lleno de lágrimas al igual que el nuestro. Nos abrazamos y, cuando finalmente pudimos hablar, le dije cuán agradecido estaba por todo lo que había hecho. Por cómo trabajó tan duro durante todo el viaje, aunque yo fui un completo idiota con él aquel primer día.

—Nada de eso importa —dijo sacudiendo la cabeza—. Dios estuvo obrando todo el tiempo.

—¿Sabes algo? —preguntó Paul con una sonrisa entre lágrimas, se limpió la cara con la manga y miró a la nada pensativo—. Viajaría otras mil millas solo para ver a Jesús transformar una vida así otra vez.

***

A la mañana siguiente, llevé a Alice y Alex de compras. Buscamos la tienda de indumentaria deportiva más grande de

Córdoba y nos paramos frente a las paredes llenas de tenis. El aire tenía ese aroma dulce a tenis nuevos.

—¿Qué tipo de tenis les gustan? —pregunté.

Se miraron confundidos, inseguros.

—Nunca he hecho esto antes —respondió Alice con un suspiro.

—Yo tampoco —agregó Alex.

No entendí.

—¿Y antes del accidente? Ustedes compraban tenis, ¿verdad?

—No en una tienda —dijo Alice y sacudió la cabeza—. Los comprábamos a quien los vendiera en la calle.

Los ojos de Alex se movieron de un lado a otro por la tienda.

—Y nunca hay algo como esta selección —explicó él.

Fue difícil imaginar lo que significaba para Alex no poder correr. Pero ir de compras por tenis nuevos por primera vez en su vida, eso sí lo podía entender perfectamente. Desde niño, siempre me atrajo ese momento en el que mis tenis se rompían o mis dedos comenzaban a empujar la punta. Me encantaba ir al centro comercial, pararme frente a la variedad y elegir. Siempre se sentía como la primera vez.

—Bueno, esto va a ser divertido —dije entusiasmado.

Pasamos más de una hora en la tienda, revisando diferentes marcas y estilos. Las cajas se fueron apilando alrededor de nosotros mientras se probaban distintos modelos. Cuando terminamos, cada uno salió con un sólido par de Nikes en los pies y una gran sonrisa en el rostro. Puede sonar extraño, tal vez incluso superficial, decir que comprar un par de buenos tenis les dio un impulso de dignidad y confianza, pero así fue. Vivir en la pobreza los había llevado a creer que nunca podrían comprar en una tienda como esa, que de alguna manera no lo merecían. Vivimos en un mundo roto, pero Dios es un buen Padre que da buenos regalos. A veces esos regalos son grandes, a veces son pequeños, pero todos tienen el mismo propósito: llevar nuestro corazón y nuestra mirada de vuelta a Él.

Ciclo Vida me hizo pensar en muchas cosas. Desde qué se necesita para ser un buen líder y lo fácil que es ser uno malo hasta lo que significa ser testigo de un verdadero milagro de Dios. Pero ese sábado, a partir del momento en que salimos de la tienda de calzado deportivo y hasta la noche en que adoramos con miles de personas, solo pensaba en una cosa: la identidad.

Cuando tenía veinte años, un pastor me llamó y me dijo que tenía algo que quería compartir conmigo. Yo estaba hambriento de dirección y afirmación, y ansioso por escuchar cualquier palabra de Dios para mi vida.

La relación extramatrimonial de mi padre cuando yo era niño no había sido la única complicación en mi infancia. Después de ser expulsado de la membresía de la iglesia que él mismo había fundado, se volvió a casar. Y, en uno de esos giros irónicos de la vida, mi madrastra también terminó siéndole infiel. Él se casó otra vez, pero mi vida siguió siendo turbulenta. Mi hogar era caótico en el mejor de los casos.

Mi tío había tomado el liderazgo de la iglesia que mi padre fundó. Se aseguraba de decirle a todos que no era como su hermano y que no cometería los mismos errores. Todos pensamos que sería un tiempo de redención. Pero terminó en tragedia. Él también cayó en la infidelidad. Todo el mundo en la zona conocía la historia turbulenta de mi familia, y supongo que para algunos éramos una especie de advertencia. Para mí era más complicado. A los veinte años, todavía estaba tratando de entenderlo todo.

Así que cuando el pastor me pidió hablar, acepté con gusto. Me senté junto a él y le dije que estaba dispuesto a escuchar.

—Lamento que tu padre fuera un adúltero —comentó y luego hizo una pausa antes de continuar—. Tu tío también lo fue.

Su mensaje era claro: «Estas cosas se heredan, así que más vale que tengas mucho cuidado».

Esperé a que terminara. Quería que dijera algo más, algo como: «Pero hay esperanza para ti, Evan. No tiene por qué ser así». Sin embargo, no lo dijo. Simplemente me dejó ahí, con el peso de la inevitabilidad de todo eso.

Había pasado más de una década sintiéndome confundido acerca de estos aspectos de mi vida, pero no tenía ninguna duda sobre lo que acababa de escuchar. Sabía que estaba mal. No sabía por qué ni estaba seguro de qué decir en respuesta, pero entendía que estaba mal. ¿Cómo podía ser que estuviera encadenado y condenado a cometer los mismos errores que mi padre o mi tío? Todo lo que había aprendido sobre Dios me decía lo contrario. Él es el Dios amoroso de las segundas oportunidades y la esperanza restaurada, no un tirano que nos condena y nos da la espalda.

No fue sino hasta que estaba en el seminario, un par de años después de aquella conversación con el pastor, que finalmente tuve algo más que una simple reacción instintiva para refutar su argumento.

Estábamos analizando dos pasajes en los que Jesús sanó a personas: el hombre paralítico que fue bajado por el techo y la mujer que sufría de un sangrado constante.

Al paralítico, Jesús le dijo: «Hijo, tus pecados te son perdonados» (Mr 2:5).

Y a la mujer le dijo: «Hija, tu fe te ha sanado [...] vete en paz y queda sana de tu aflicción (Mr 5:34).

Hijo... Hija...

Esas son las únicas veces en las que Jesús se dirige a alguien de esta manera. Sí, se trata del perdón de los pecados y de una sanidad física milagrosa, pero esas dos palabras (hijo, hija) resaltan porque lo que Jesús está haciendo es increíblemente poderoso: después de años de haber sido definidos por su dolor y humillación, Él está restaurando su identidad. Está rompiendo sus cadenas. Los está afirmando como las personas que fueron creadas para ser, no por el dolor que han soportado a lo largo del camino.

Cuando escuché esto en el seminario, me quebranté. Sabía que cometería muchos errores propios, pero no necesariamente los mismos que cometieron mi padre y mi tío. En ese momento supe que soy libre para tener un matrimonio sano, libre para tener una vida llena de la bondad que Dios ha ordenado para mí. Mi identidad proviene de Él, de nadie más.

En su libro *La misión liberadora de Jesús*, el pastor y escritor peruano Darío López Rodríguez explica cómo Jesús actúa e interactúa con nosotros. Él no se mantiene a distancia. No nos aleja. No actúa como un simple observador de nuestras

vidas, nuestro dolor, nuestras luchas. En cambio, se acerca
a nosotros. Jesús baja del balcón.

Se une a nosotros en el polvo.

Camina con nosotros.

Esa noche de sábado en Córdoba, Alice y Alex subieron al
escenario con sus brillantes prótesis nuevas y sus impecables zapatillas deportivas. Alice contó su historia; Alex
cantó su canción. Se veían más vivos que nunca en todo
el trayecto. Algo había cambiado en ellos, y yo sabía que
era más que los regalos que habían recibido. Era su identidad. Habían sido llamados hijo e hija por Dios mismo. Después de todos esos años que pasaron preocupados por ser
solo una carga, después de aquella larga y agonizante noche
oscura en la que Alex había anhelado la muerte, Dios estaba
reescribiendo la historia. Les estaba mostrando que no eran
una carga, que eran amados, valorados y atesorados por su
Padre celestial. Les estaba recordando que Él había bajado
del balcón. Y como Dios no puede ser otra cosa que un Dios
bueno y amoroso, restauró aquello que les había sido arre-
batado en la mesa de operaciones.

—Nunca hubiéramos esperado tanto —dijo Alex—. Ha
sido increíble. Dios nos ha mostrado que sabe exactamente
lo que necesitamos.

Cantamos aún más fuerte después de eso. Essence bailaba
de una manera tan libre como nunca había visto. Paul tocaba
la guitarra con toda su pasión, como si estuviera liderando el
pelotón subiendo a los Andes otra vez.

Cuando íbamos a la mitad de «La milla extra», escuché un murmullo de emoción recorrer la multitud y miré hacia atrás. Alex había llevado su bicicleta al escenario y la montaba en círculos, zigzagueando entre la banda.

Identidad restaurada.

Capítulo 10

Después de la caída

CUANDO TODO ESTO comenzó —cuando por primera vez pensé en tomar mi guitarra y mudarme al sur de la frontera— quería ver milagros. Quería ver restauración de la vista, tumores desapareciendo y extremidades volviendo a crecer. Quería ver a los muertos resucitar, tal como lo había presenciado Reinhard Bonnke.

Siete años habían pasado y no había visto nada de eso en absoluto. Había visto a Dios obrar, de eso no había duda. Pero ¿milagros? El recuento seguía obstinadamente en cero.

Y, sin embargo, mientras estaba en el escenario viendo los globos caer sobre miles de personas a quienes nunca había conocido, pero con las que compartía este hermoso momento de adoración a Dios, puro y sin filtros, me puse a pensar.

Miré a Alex recorriendo el escenario en su bicicleta, tan libre y eufórico como el hombre más feliz que jamás había visto. Podía correr. Podía montar sin dolor. Estaba libre de tantas cadenas que lo habían atado.

Miré a Alice, aún usando esas muletas, pero con una alegría y una paz tan radiantes que podían eclipsar al sol. Todavía le quedaba un camino por recorrer, necesitaba sanar, pero finalmente, después de siete años desde que le fuera arrebatada su esperanza, la tenía restaurada.

Dios no solo había obrado en el nivel físico con Alice y Alex. También había sanado su dolor emocional y los había llevado a la salvación. No fue un solo milagro, sino tres.

Había estado buscando un milagro, y ahí estaba. No tenía la apariencia que yo había imaginado, pero ¿quién más sino Dios podría haber entretejido a todas estas personas y eventos para crear un cambio tan profundo?

En muchos sentidos, Córdoba se sintió como el clímax del viaje. Fue el punto en el que el propósito de *Ciclo Vida* se nos reveló a todos, el momento en que la niebla se disipó y el sol brilló. Sin embargo, cuando terminamos en Córdoba, aún nos quedaban tres días de viaje antes de poder sumergir nuestras llantas en el Atlántico, en Buenos Aires, y dar por concluido el recorrido. Completamos esas doscientas millas sin incidentes, y en esta última sección parecía que cubríamos la mitad del trayecto. Las condiciones estaban lejos de ser perfectas: nos enfrentamos a una mezcla de granizo y vientos cambiantes, que solo en una ocasión estuvieron a nuestro favor. La diferencia estuvo en la actitud con la que afrontamos esos días. Después de haber visto a Alice y Alex recibir sus nuevas prótesis en Córdoba, estábamos llenos de vida y fe. Llevábamos fuego en las entrañas. *Ciclo Vida* había cambiado la vida de dos de nuestros amigos, y no había límite para nuestro optimismo.

Dimos un concierto en Rosario y luego viajamos al sur, hasta la ciudad de San Nicolás de los Arroyos, donde nos recibió Ulises Eyherabide, un artista cristiano argentino, auténtica leyenda de la música latinoamericana. Fue un anfitrión generoso y nos invitó a un hermoso asado, un clásico argentino, con suficiente carne como para darnos energía para hacer otro *Ciclo Vida* completo.

Sentados alrededor de la mesa en la casa de Ulises, con nuestros estómagos tan llenos como nuestros corazones, miré a los dieciocho que estábamos allí y me sentí agradecido por lo que cada uno había aportado al viaje. Veníamos de todas partes, no solo de Estados Unidos y Venezuela, sino también de Guatemala, Colombia, El Salvador y Costa Rica. Algunos habíamos empezado como desconocidos, pero ya éramos amigos. Nos sentíamos como una familia. Habíamos forjado lazos profundos, aprendido a apoyarnos cuando necesitábamos fuerza y a liderar cuando otros estaban cansados. Era algo hermoso de ver. Y aún no había terminado.

Miré a Alex acercarse a Alice, decirle algo y luego levantarse de la mesa. La guio fuera del comedor, hacia el patio.

El ruido en la habitación se apagó cuando los demás notaron a la pareja de pie allí. No podíamos escuchar lo que Alex decía, pero veíamos el impacto de sus palabras en Alice. Lo miraba como si fuera la única persona en el mundo.

Lo vimos dar un paso atrás. Vimos a Alice cubrirse el rostro cuando Alex se arrodilló en una sola rodilla, un movimiento que su antigua prótesis jamás le habría permitido hacer con tanta facilidad. Metió la mano en su bolsillo y sacó un anillo. Por primera vez desde que habían salido de la habitación, los ojos de Alice se apartaron del rostro de Alex. Se quedó mirando el anillo, con lágrimas en las mejillas. Luego miró de nuevo a Alex y susurró la palabra sí.

No tenía idea de que Alex iba a proponerle matrimonio. Más tarde supe que acababa de comprar el anillo cuando estábamos en Córdoba. Pero tenía todo el sentido del mundo, y me alegré muchísimo por ellos. Para mí, eso decía mucho sobre cómo el viaje los había transformado. En lugar de sentirse atrapados, ahora veían un futuro juntos. En lugar de ver a Dios como un ser remoto y distante, ahora lo veían como un Padre amoroso ante quien querían hacer sus votos.

Fue en ese momento cuando me di cuenta de otra verdad sobre el viaje. Finalmente comprendí hasta qué punto el amor estaba en el centro de *Ciclo Vida*. Había comenzado creyendo que el objetivo del viaje era recaudar dinero y donarlo con la esperanza de cambiar algunas vidas. Ahora veía que *Ciclo Vida* era mucho más que eso. El viaje nos había unido a todos, no solo a Alice y Alex. Nos enseñó que podemos lograr mucho más cuando estamos conectados y respaldados por otros. Que cuando nos atrevemos a ir la milla extra en el nombre de nuestra fe, lo más probable es que no viajemos solos. Dios pondrá en nuestro camino a otras personas, algunas para que las alentemos, otras para que nos den aliento a nosotros.

No deberíamos sorprendernos por esto. Después de todo, así fue como Jesús obró: reunió a un grupo de discípulos, apóstoles y otros seguidores. Y cuando llegó el momento de enviarlos a la misión, no los envió solos, sino de dos en dos. Fuimos creados para vivir en comunión, tanto con Dios como con los demás. Estamos hechos para formar equipo con otros, incluso con aquellos que nos fallan, nos hieren o se ponen irritables por el hambre y nos gritan fuera de una estación de servicio. Fuimos hechos para esto, con todo y el desorden que conlleva.

En Alice y Alex vi reflejado el tipo de amor dramático, extraordinario, desinteresado, generoso y solidario que tiene todas las marcas del amor de Dios por nosotros. Cuando regresaron a la casa, todos los recibimos con vítores y gritos, y pasamos las siguientes horas cantando, riendo y celebrando con ellos, entonces la sensación de que Dios nos sonreía era casi tangible. De una manera extraña, así como Alice y Alex recibieron nuevas prótesis al final del viaje, cada uno de nosotros también se sintió un poco más completo, cada uno había restaurado un poco más la plenitud de vida para la que fuimos creados.

El último día de ciclismo nos llevó directamente al corazón de Buenos Aires. Ese día había algún tipo de huelga, lo que significaba que no habría camiones de dieciocho ruedas en la carretera. Se sentía extraño no compartir la autopista con esos gigantes, pero a medida que nos acercábamos a la ciudad, las carreteras se ensanchaban y el tráfico se volvía más denso y caótico. Al final, estábamos pedaleando por una autopista de cinco carriles con divisores de concreto, pasos a desnivel, salidas y autos que pasaban a menos de un metro de distancia mientras circulaban a sesenta millas por hora. Fue un tramo de tensión absoluta durante varias millas, lo que nos hizo avanzar más lento de lo planeado. Finalmente, nuestra ruta nos sacó de la autopista y nos llevó por algunas calles laterales para las últimas dos millas. Íbamos con dos horas de retraso, pero a esas alturas ya no importaba tanto. Después de mil doscientas millas en diecisiete días, estábamos a punto de terminar.

Entonces Essence tuvo una llanta pinchada.

Estábamos a una milla de la meta, donde un pequeño grupo de personas nos esperaba para celebrar, pero nos vimos obligados a detenernos por completo. No habíamos tenido ni un solo pinchazo en tres semanas de viaje, no desde aquella primera mañana en la que no pasábamos quince minutos sin tener que detenernos a cambiar una rueda. Pero ahí estábamos, varados en una calle lateral, esperando.

Ojalá pudiera decir que me senté allí, lleno de paz y paciencia, sin dejar que el retraso me afectara en lo más mínimo. Sin embargo, decir eso sería mentira. Por unos momentos, me pareció insoportable.

Sabía que era fundamental no dejar a nadie atrás, ni siquiera en la última parte del desafío, pero estaba desesperado por terminar, por completar la tarea que nos habíamos propuesto oficialmente. Quería terminar con fuerza, cruzar la meta y ver a las personas que habían venido a celebrar con nosotros.

En otras palabras, sentí el impulso de ser un artista, no un soldado.

Ciclo Vida nunca se trató de impresionar a la gente con nuestro ciclismo. Lo sabía en lo más profundo; no obstante, en ese momento, cuando nos detuvimos para que

Essence cambiara su rueda, con la meta tan cerca y sin poder avanzar, lo olvidé por un instante. Solo el tiempo suficiente para que Dios me recordara cuál era mi lugar en esta aventura escrita por Él.

Me doy cuenta de que Dios nos enseña muchas cosas cuando nos comportamos como niños pequeños. Podemos ser adultos, pero cuando estamos demasiado cansados, demasiado tristes, demasiado hambrientos o preocupados como para calmarnos a nosotros mismos, es cuando necesitamos que un Padre amoroso venga y nos recoja en sus brazos. Y a menudo, justo cuando nos brinda el descanso, el consuelo, el alimento o la calma que nos hacen falta, Dios ilumina aquellas áreas donde más los necesitamos.

Poco después, volvimos a ponernos en marcha. Parecía que solo habíamos tardado unos segundos para llegar a nuestra meta en el centro de Buenos Aires, y unos pocos más para empezar a llorar. Después de celebrar con las cincuenta o sesenta personas que habían venido a vernos, volvimos a subirnos a las bicicletas y pedaleamos las últimas cinco millas del recorrido hasta la costa para terminar el viaje como lo habíamos comenzado: con nuestras llantas sumergidas en el océano.

Pedaleamos en silencio.

Parecía la forma correcta de concluir, y no solo por la simetría de comenzar en el Pacífico y terminar en el Atlántico. Parecía apropiado cerrar en quietud, solo con los ciclistas y el equipo de video. Parecía correcto recorrer esas cinco millas extras y tomarnos el tiempo para reflexionar. Soldados, no artistas.

Aún quedaban dos conciertos por dar en Buenos Aires, y los mismos fueron tan profundos y poderosos como los anteriores. Cantamos con libertad, danzamos con pasión y supimos que no quedaba más que agradecer a Dios por la oportunidad de haber dicho sí a esta aventura. Después del último concierto, nos reunimos en una habitación de hotel abarrotada para ver algunas de las mejores grabaciones que el equipo de video había capturado. La emoción comenzó a hacerse evidente.

Para algunos de los músicos, esta era la primera vez que pasaban tanto tiempo lejos de sus familias. Después de cinco semanas en la carretera, estaban listos para volver a casa. Habían agotado todas sus fuerzas y necesitaban una recarga urgente.

La idea de regresar provocaba otro tipo de lágrimas en Alice y Alex.

—No queremos volver a Venezuela —dijo Alex cuando casi todos los demás ya estaban dormidos.

No me sorprendió, pero tuve la misma sensación de responsabilidad y deber que experimenté cuando Alice mencionó por primera vez que quería quedarse aquel primer día del viaje. En esta otra ocasión ya los conocía mejor, los quería más y me sentía más comprometido que nunca a ayudarlos. También era consciente de lo importante que era cumplir cualquier promesa que hiciera. No quería ser otra lección dolorosa que Dios les enseñara a través de la decepción.

—Está bien —dije—. Retrasaré sus vuelos de regreso tanto como pueda. Si quieren volver antes, podemos cambiarlos de nuevo. ¿A dónde piensan ir? ¿A Chile?

—El doctor Mario dijo que si viviéramos en Córdoba nos pondría en contacto con otras personas y se aseguraría de que nuestras prótesis funcionaran bien.

Fue una oferta amable y generosa, demasiado buena para rechazarla, pero me pregunté si realmente sabían lo que implicaba empezar una nueva vida en Córdoba o en cualquier lugar de Argentina o Chile. Desde que salimos de Rosario, Alice me había estado preguntando cuándo y dónde sería el próximo *Ciclo Vida*. Durante las últimas cinco semanas habían estado rodeados de amigos, y el equipo se encargó de todo: comida, alojamiento, entretenimiento y lo demás. Había sido un trabajo duro, no había duda de eso, pero no era la vida real. Me preguntaba si estaban poniendo sus esperanzas en una versión de la vida que simplemente no era posible. ¿Se estarían preparando para una decepción?

Mientras trataba de encontrar las palabras para decir todo esto, Alice interrumpió mis pensamientos:

—No será fácil, lo sabemos, Evan. Por eso mi lema es: «*Si los profesionales caen, probablemente nosotros también caeremos*».

—Y si caemos —agregó Alex—, nos levantaremos y seguiremos adelante. ¿Qué otra cosa podemos hacer?

***

Al día siguiente, me despedí de todos. La banda voló de regreso a Colombia, Pablo a Miami, Paul a Los Ángeles, y Essence a Orange County, donde se reuniría nuevamente con Nathan y comenzaría su vida de casada. Alice y Alex se dirigían a Córdoba, emocionados por la nueva vida que les esperaba.

Yo me quedó un día más. Después de cinco semanas viviendo y trabajando con tantas personas, anhelaba un momento de tranquilidad. Tenía que reflexionar y hacer algunos planes.

Me encontré sentado en un café en Buenos Aires, recordando el viaje. Sin duda alguna, había sido la experiencia más increíble de mi vida. Había visto la inmensidad de la creación y me di cuenta de lo pequeño que era en medio de todo eso. Había podido ayudar a las personas de manera tangible y práctica, algo que como artista, rara vez sentía que podía hacer.

Había comenzado queriendo hacer algo que beneficiara a otros. Pero en el camino, descubrí que Dios también estaba sanando mi vida y llenándola de bondad. Me había mostrado que no necesito dudar de lo que Él puede hacer. No necesito cuestionar Su provisión ni poner en duda Sus planes. Lo único que tengo que hacer es seguir el camino que Él ha trazado para mí, confiando en Él en cada prueba y triunfo, en cada obstáculo y oportunidad que se cruce en mi camino.

Me sentía diferente. No estaba seguro, pero tenía el presentimiento de que el viaje me había curado de la sensación de aburrimiento y falta de propósito que me había atormentado desde aquel enorme concierto en Bogotá. Y aunque no sabía si *Ciclo Vida* volvería a ocurrir, compartía el deseo de Alice de lanzarme a lo que fuera que Dios me estuviera invitando a hacer a continuación.

¿No es esa la verdad? Cuando le decimos sí a Dios, no conocemos las vueltas y giros de la aventura que tenemos por delante. Tal vez sea mejor así. Quizás es la manera en que Dios nos mantiene alertas y abiertos a Él. Lo que sí sé es que, de toda la sabiduría que he adquirido en el camino, esta es de mis favoritas:

La vida no es fácil. Es un hecho.
Si los profesionales caen, nosotros también caeremos.
Y cuando caigamos, nos levantaremos
   y seguiremos luchando.
¿Qué más podemos hacer?

¿Y ahora qué?

(Conclusión)

TRES DÍAS DESPUÉS de regresar a mi apartamento en Medellín, me di cuenta de que ya no necesitaba estar allí. Era hora de seguir adelante. No solo era hora de dejar el apartamento, la ciudad y los amigos que había hecho ese año. Era hora de dejar Colombia y regresar a Estados Unidos, aunque fuera por un tiempo. Después de sentirme tan vivo durante el viaje, de haber redescubierto en las montañas y llanuras de Chile y Argentina el propósito y la vocación que habían estado ausentes en mi vida, me sorprendía un poco sentir que esta etapa en América Latina estaba llegando a su fin. Pero así era, y sabía que Dios estaba abriendo una nueva puerta para mí. Una puerta a través de la cual seguiría profundizando en mi fe y fortaleciendo mi conocimiento de Él. Volvía al seminario, me mudaba a Lakeland, Florida, para completar el título que había comenzado años atrás y nunca terminé. Me había enamorado de la gente de América Latina, y completar el seminario me permitiría regresar mejor preparado.

Estaba emocionado y un poco nervioso, lo mismo que Alice y Alex en Córdoba. Pero, al igual que ellos, empezaba este nuevo viaje con las verdades aprendidas en *Ciclo Vida* aún resonando en mi corazón.

La verdad de que Dios nos ha llamado a ir más allá del *statu quo*. Fuimos hechos con un propósito: llevar la esperanza de Jesús a las personas a nuestro alrededor y expresar Su amor de maneras tangibles y reales. Fuimos creados para ir la milla extra.

La verdad de que cuando le decimos sí a Dios, cuando salimos de nuestra zona de confort y vamos más allá de las expectativas de la sociedad, empezamos a vivir realmente.

La verdad de que los planes de Dios para nuestras vidas suelen ser muy diferentes a los nuestros.

La verdad de que cuando entramos al campo de batalla como lo hizo David para confrontar a Goliat, o cuando damos el paso de fe como Pedro al salir de la barca, Dios aparece. Solo tenemos que mantener nuestros ojos fijos en Jesús.

La verdad de que Dios no está limitado por nuestra imaginación. Las maneras en que Él responde a las oraciones y realiza milagros no están restringidas por nuestras expectativas.

Alice y Alex siguen en Córdoba. El doctor Mario ha cumplido su palabra y los ha ayudado.

Y aunque la vida en Argentina no siempre ha sido fácil para ellos, sus ojos siguen fijos en Dios.

Paul ahora es pastor creativo en una iglesia en Austin, Texas.

Essence y Nathan están disfrutando la vida en el sur de California.

Adrián se casó y abrió su propia agencia de publicidad.

Mi hermana, Lindy, trabaja a tiempo completo en la UCI.

¿Y yo? Después de terminar mi año en el seminario, estaba emocionado por volver a Latinoamérica y hacer una gira. Entonces llegó el COVID-19 y todos esos planes quedaron en pausa. Pasé más tiempo componiendo canciones y descubrí una nueva fuente de inspiración. De repente, algunas de esas canciones tuvieron mucho éxito, lo cual me alegró. Pero no tanto como descubrir que Dios tenía otra sorpresa reservada para mí. Su nombre es Rachel, y nos casamos en 2021.

Recientemente, estuve leyendo *El espíritu de las disciplinas* de Dallas Willard y encontré algo que tuvo mucho sentido para mí. En un pasaje, habla sobre el comentario de Jesús en Mateo 11:30, cuando dijo: «Porque Mi yugo es fácil y Mi carga ligera». Dallas Willard señala que Jesús solo pudo decir eso porque había desarrollado los músculos espirituales para soportarlo. No se lanzó al ministerio a los treinta años habiendo pasado sus primeras tres décadas ignorando a Dios. Se preparó, y ese esfuerzo le permitió ir la milla extra.

Estoy muy agradecido por todas aquellas madrugadas cuando mi papá nos despertaba para estudiar la Biblia. Fueron los cimientos de mi fe, los años de entrenamiento temprano que empezaron a fortalecer mis músculos espirituales. Fueron los días de los pequeños comienzos.

Hoy vivimos en un mundo bombardeado de contenido por personas que quieren impresionarnos, divertirnos o inspirarnos. Puede ser tentador enfocarse solo en el producto final —ese momento de perfección de Kobe o Messi— y olvidar todos los años de trabajo y esfuerzo que llevaron a lograrlo. Podemos obsesionarnos con el éxito y olvidar que solo es posible gracias a un trabajo constante y dedicado. Nuestros ojos se fijan más en los trofeos que en el camino para alcanzarlos.

Ir la milla extra en nuestra fe significa comenzar con pequeños pasos y dejar que Dios fortalezca esos músculos espirituales a lo largo de los años.

Por eso, no cierres este libro pensando en planear tu propia versión de un viaje en bicicleta de costa a costa. No termines este libro soñando con lo que podrías lograr con tus propias fuerzas. Ciérralo y encuentra tu equivalente a un estudio bíblico a las cinco y media de la mañana. Cierra la tapa y ve a buscar a las personas cuya influencia en tu vida ayudará a moldear y fortalecer tu carácter. Termina este libro y fija tu mirada en acercarte más a Dios. Orienta tu vida a amar a las personas como Jesús las amó. Pon metas que te impulsen hacia aquellos que más necesitan el amor de Dios.

Vive una vida rica en propósito.

Ama a las personas.

Sírvelas.

Ve la milla extra.

Agradecimientos

ESTA AVENTURA FUE inspirada por Paul Joung. Gracias por retarme y dejarme fingir que puedo seguirte el ritmo en los deportes.

Gracias a Essence y Nathan Jasperse por venir la semana después de su boda.

También a Pablo Espíndola por compartir el evangelio cada noche y animarme cuando creía que no podía más.

A Adrián Villalobos, por mudarte a Medellín conmigo, organizarlo todo y seguir siendo mi amigo después de todos los altibajos que te he hecho pasar.

A Alice y Alex, los amamos y creemos que Dios tiene grandes cosas reservadas para ustedes. ¡Los queremos y a su precioso bebé!

A Deborah, Katherine, Bito, David, José, Daniel, Sebas, Javier, Jean Paul; no podríamos haber hecho esto sin ustedes.

Gracias a cada pastor e iglesia desde Viña del Mar hasta Buenos Aires. ¡Oro por bendiciones para ustedes y sus congregaciones, y esperamos volver y adorar juntos de nuevo pronto! Gracias, Sra. Villa, por inspirar el amor por el español.

Gracias, Craig Borlase, por traer esta historia a la vida.

Y gracias, K-LOVE Books y Grupo Nelson, por llevarla al mundo.

Por último, gracias a mi familia por apoyarme y animarme incluso cuando no entendían lo que Dios estaba haciendo en mi vida. No podría haberlo hecho sin ustedes.

Acerca del autor

EVAN CRAFT ha ganado reconocimiento por cerrar la brecha entre el público de habla inglesa y española de manera fluida y auténtica. Tras el éxito de sus más recientes lanzamientos —*Más rico del mundo*, su sexto álbum completo en español, y *Chances*, el más reciente proyecto en inglés— Craft continúa consolidando su lugar en la escena musical global. Su álbum *Yo soy segundo* del 2012 se convirtió en un éxito en las listas de Billboard, estableciéndolo como una voz poderosa en ambos idiomas.

Con casi dos mil millones de reproducciones globales, la música de Craft resuena profundamente en la comunidad latina y más allá. Pero su influencia no se limita solo a la música. Evan está comprometido con generar un impacto real en el mundo. A través de eventos como Mi Casa LA y Good Neighbor Nights, ha recaudado quinientos mil dólares

para iniciativas de ayuda a personas sin hogar en Los Ángeles, demostrando la autenticidad y el corazón que sus fans
tanto admiran.

Evan está casado con Rachel y juntos tienen dos hijas llamadas Sofía y Hannah. Ambos sienten pasión por inspirar
a otros a vivir una vida de fe y propósito, trabajando para
motivar a las personas a seguir a Jesús.